無酒精與低酒精創意調酒&裝飾技術

Mocktails & Low-ABV Cocktails

石川阿佐子　著

三悅文化

Contents

目 次

Mocktail & Low-ABV Cocktail Recipes

Chef's Choice & Food Pairing

無酒精調酒為酒精濃度不及1%的調酒

無酒精調酒的英文 Mocktail 是由 Mock（仿造／模擬）與 Cocktail（雞尾酒／調酒）兩個單字組合而成。不過到底什麼樣的東西才能稱作「調酒」？其實概念簡單到不能再簡單，就是在酒裡加入「其他材料」調製而成的飲品。比如琴酒加通寧水調成的「琴通寧（Gin & Tonic）」、金巴利加蘇打水調成的「金巴利蘇打（Camapri Soda）」，甚至威士忌加水調成的水割（Mizuwari）也算是一種調酒；至於無酒精調酒的定義則是酒精濃度不及 1%的調酒。近年來世人的健康意識抬頭，尤其日本年輕一輩普遍對酒敬而遠之，加上疫情肆虐等種種原因，無酒精與低酒精調酒的市場需求遽增，這股浪潮也席捲了酒吧圈。

有一杯名叫「禁果（Fuzzy navel）」的知名調酒，材料為水蜜桃利口酒和柳橙汁，那麼是不是只要將水蜜桃利口酒換成水蜜桃果汁就成了無酒精調酒？其實不然。若只是將無酒精材料加在一起，恐怕只會得到一杯「綜合果汁」。無酒精調酒的材料沒有酒精，所以調製難度更高。有人認為既然名稱中有「調酒」兩個字，喝起來就要有酒的感覺；或許也有些人希望無酒精調酒能喝出前所未有的嶄新體驗。本書不僅收錄許多調酒師創作的無酒精與低酒精調酒，也會介紹他們設計酒譜的概念。

從前，往往只有駕駛、孕婦或病患等「想喝酒卻不能喝酒」的人才會點無酒精調酒，但我在編纂這本書時揣著一份希望，希望未來無論你酒量好不好、能不能喝酒，大家都能上酒吧同樂。願本書能為經營酒吧、餐廳、咖啡廳、居酒屋的朋友，以及喜歡居家調酒的朋友提供一些參考。

百花齊放的無酒精調酒

1933 年美國廢除禁酒令，隨後便有人設計了一杯名為「秀蘭鄧波兒（Shirley Temple）」的無酒精調酒，供全家大小一同享受喝酒的樂趣。這杯無酒精調酒是將紅石榴糖漿與萊姆汁加入薑汁汽水混合，再以糖漬櫻桃裝飾，名稱則是取自當年知名美國童星、後來當上好萊塢女星的秀蘭鄧波兒。雖然 Moccktail 一詞出現的時間有待商榷，但目前推論至少是在這杯調飲問世之後。

以柳橙汁、檸檬汁、鳳梨汁搖盪製成的「仙杜瑞拉（Cinderella）」，還有以冰紅茶與檸檬水調製的「阿諾帕瑪（Arnold Palmer）」也是較為知名的無酒精調酒。這些材料乍看之下好像和一般綜合果汁沒兩樣，但經過調酒師精心挑選盛裝的杯子或加以裝飾一番，就會化身為一杯無酒精調酒。除此之外，簡單將「血腥瑪麗（Bloody Mary）」、「海上微風（Sea Breeze）」、「奇奇（ChiChi）」、「鳳梨可樂達（Piña colada）」、「莫西多（Mojito）」等經典調酒中的伏特加或蘭姆酒拿掉，也能輕易做出一杯無酒精調酒。

從前調製無酒精調酒的做法不外乎混合冰涼的無酒精飲品，或將經典調酒中的基酒抽掉，現在則演變得更加複雜，除了運用辛香料、香草植物、自製風味糖漿、醋、風味水之外，近年還有層出不窮的無酒精烈酒，無酒精調酒的形態已經愈來愈精彩。2013 年，英國慈善團體 ALCOHOL CHANGE UK 推行一項名為「Dry January」的活動，邀請大眾每年 1 月禁酒一個月，一同改善飲酒習慣。不少國家紛紛響應，世人對於酒精飲品的觀念逐漸轉變，愈來愈多人推崇「Sober curious」的概念，即主動選擇不喝酒的生活型態。這個名詞最早出現於英國作家盧比沃林頓（Ruby Warrington）的同名著作《Sober Curious》；2019 年日本也有一群不喝酒的民眾發起了一個名為「無酒樂活會」的臉書社團。無酒精調酒原本只是酒單上的一小部分，現在聲勢逐漸壯大，國外甚至出現愈來愈多無酒精酒吧。

2020 年 3 月，東京日本橋也開了一間專門提供低酒精與無酒精調酒的酒吧「Low-Non-Bar」（現已遷至 mAAchecute 神田萬世橋），開創了酒吧業態的全新可能。如今無酒精調酒已經脫胎換骨，不再只是「雞尾酒的仿造品」，而是運用新奇材料與方法的創作，也是自成一家的全新飲料類別。

新型態

酒吧文化正在蛻變!?

日本近年的無酒精調酒市場生機勃勃，不只啤酒風味飲、無酒精、低酒精燒酎蘇打（Chu-Hai）等隨開即飲的RTD（Ready To Drink）需求擴大，隨著無酒精調酒酒吧與無酒精琴酒問世，整個餐飲業界也吹起了一股新氣象。

「想上酒吧卻不能喝酒」的族群或許比我們想像中的龐大。低酒精與無酒精調酒吧「Low-Non-Bar」的主理人兼調酒師宮澤英治也是其中的一份子。雖然他是從 5 年前開始控制飲酒量，但在更早之前他就開始研究無酒精與低酒精調酒，無奈當時面臨的課題不少：①市面上鮮少無酒精材料；②無酒精材料保存期限短；③無酒精調酒不像一般調酒已經累積大量酒譜與技術，創作不易；④價格若比照一般調酒設定銷售不易。怪不得過去日本酒吧內能見的無酒精調酒寥寥無幾，甚至有些店的酒單上根本看不到。多虧宮澤先生與高橋弘晃店長，以及諸多調酒師的努力，加上時代的變遷，上述問題才迎來轉機。

宮澤先生（右）經營多間酒吧，包含東京的「Orchard Knight」、「Cocktail Works」、「LEAP BAR」，也於輕井澤經營酒吧附設商店「Bartender's General Store」。／高橋先生（左）是「Low-Non-Bar」的店長，從事調酒師一行已有 15 年。他平時也致力於創作與推廣無酒精調酒的魅力。他說：「無酒精調酒的風味架構有很多地方需要摸索，但有所發現時真的很開心，我也能藉此重新認識每一種材料的功用。」

「Low-Non-Bar」的酒單 包含無酒精與低酒精調酒，亦提供「雞尾酒套餐（Cocktail Course）」，以 4 種飲品搭配 charm（下酒小點），引導客人循序漸進挑選適合的飲品。例如第一杯可以先喝無酒精版的 GIN FIZZ 或 MOJITO，再來可以嘗試以無酒精葡萄酒為基底、風味清爽的「BLANC」，接著進入用香蕉風味水調製、果香豐富的「Manana」，最後是以無酒精清酒混合山葵、巧克力調製的「Wa“bi”sabi」。

「我先是在早早開始提供無酒精調酒搭餐的餐廳學習，接著慢慢建立自己的方法，也自行研究發酵飲品、嘗試用酒糟做糖漿。這幾年市售的無酒精材料的品質明顯提升，也出現很多無酒精琴酒、無酒精葡萄酒、風味醋飲、風味糖漿、康普茶可以運用。無酒精調酒的材料成本其實和一般調酒差不多，有時還貴一點，而且調酒師本身功力要夠才能掌握。疫情當前，很多人開始對無酒精調酒產生興趣，所以我認為現在也能以比較合理的價格提供無酒精調酒了。無酒精的材料保存期限較短，而且一旦打開就必須冷藏保存，但如果藏在冰箱，客人也不會知道店裡有這樣的東西，所以後來我設置了一個專用的展示櫃才解決了材料用不完的問題，客人喜歡也可以直接向我們購買那些無酒精飲品。」（宮澤先生）

「無酒精調酒跟綜合果汁差在哪裡？我認為差在它算不算一種嗜好性飲品。意思是你喝的時候是只為解渴大口暢飲，還是會想品嘗味道小口啜飲。無酒精調酒屬於成人飲品，每一杯的製作過程都具有明確的目的與邏輯。儘管無酒精調酒是一種嗜好性飲品，卻缺乏一般調酒中擔綱骨幹的酒精，所以調酒師必須設法用其他材料建立架構。我們必須思考如何以無酒精材料做出一般調酒中由酒精建立的風味主軸，並帶給味覺與嗅覺別有趣味的刺激，而香氣。香味、酸味、甜味、辣味、苦味、澀感、質地都是調製無酒精調酒時的重點（詳見次頁）。我時時提醒自己必須像千層酥一樣層層堆疊這些要素，才能將無酒精調酒調成真正的嗜好性飲品，而不只是一杯果汁。」（高橋先生）

無酒精調酒的架構重點

香氣

適度添加平時較少接觸的香氣，可以創造不一樣的飲用體驗。例如酒糟，還有乳香、言蘭草、檀香等薰香，又或是一些鮮少在花草茶中喝到且香氣強烈的香草植物（至於茉莉花、薰衣草、玫瑰這種容易辨認的香氣則不建議直接使用，應設法搭配其他副材料營造新奇的香氣體驗）。香氣材料之於無酒精調酒，就好比辛香料之於料理，往往是憑個人感覺添加。

酸味

除了檸檬、柳橙等傳統調酒中常見的水果酸（檸檬酸），也可以運用醋酸（醋、康普茶）等感覺會殘留在喉嚨的酸稍微點綴風味。若需要搭配特定食物或單純用餐時配著喝，則可使用酒石酸、蘋果酸等葡萄酒中常見的酸（可使用食品添加物或無酒精白酒）做出較溫和、平穩的酸味。

甜味

甜味在無酒精調酒中經常扮演建構厚實度的角色，作用形同一般調酒中的酒精。不過空有甜味也無法撐起飽滿度，所以通常會再加點酸，打造酸甜平衡的風味架構。一般調酒使用的糖漿是以甜感較俐落的細白砂糖製作，無酒精調酒用的糖漿也可以比照辦理。如果希望延長品味時間，則可加入少許上白糖、和三盆糖之類除了蔗糖甜還帶有其他滋味（延長甜韻）的糖，增添整體風味的厚實度並延長尾韻。製備液體材料時，果糖也是一個可以考慮的選項。

2020 年 6 月，宮澤先生攜手無酒精產品進口商「ALT-ALC」總經理安藤裕，創辦專門販售無酒精產品的網路商店「nolky」，經銷日本首支無酒精琴酒「NEMA」還有丹麥哥本哈根餐廳「noma」前主廚開發的無酒精飲品「NON」，並於網站上設置「Mocktail Lab」專欄分享調酒師創作的無酒精調酒酒譜。近來有愈來愈多調酒師投入創作無酒精與低酒精調酒，累積至今，酒譜與技術已經遠

辣味	辣味是最容易用來代替酒精刺激感的元素。舉例來說，熱巧克力只要加一點辣椒就會展現截然不同的香氣與刺激感，瞬間化為成熟大人的飲料。原則上，辣味不是風味的主角，比較像一般調酒用的苦精，僅會添加少許點綴風味。此外，辣味材料要在什麼樣的狀態下使用也很重要，例如山葵泥磨好後要放一段時間辛辣感才會更明顯，生薑的溫和辛辣感在乾燥後反而會變得刺激，所以如果想要製作口感較辛辣的莫斯科騾子（Moscow Mule）風味糖漿，比較適合使用乾燥的薑。
苦味、澀感	嗜好性飲品如茶、咖啡，都帶有苦味與澀感，兩者能增添飲品的俐落感與整體風味複雜度。我們有很多方法可以添加苦味與澀感，例如使用辛香料、香草植物、艾草、柿子醋。榨檸檬汁時用力一點也可以帶出苦澀，又或是噴附柑橘類皮油時讓苦味成分落入酒液。苦味是人類五種味覺中最後才會喜歡上的味道，假如客人希望你調一杯「最像酒的無酒精調酒」，不妨強調苦味的表現。而適度的澀感也有助於增添無酒精調酒味道上的厚實度。
質地	碳酸飲料的氣泡、蛋白打發的慕斯、使用材料的黏稠度、水果果肉的保留程度，以上都是可以調整口感的方法或材料。相反的，我們也可以利用乳脂或果膠（pectinase）來澄清液體，打造類似一般調酒的澄澈質感。澄清手法很適合用於模擬材料幾乎都是酒的經典短飲調酒，雖然經典調酒的質地（黏稠度）會隨著酒精濃度與飲用溫度而有所差異，但因為材料中不包含任何固形物，故仍視為滑順的質地。
其他	我們還可以在調製過程增添一些餘興，透過視覺、嗅覺、聽覺「說故事」。假如有一杯無酒精調酒的主題是鳥，我們可以使用小鳥造型的玻璃杯盛裝；也可以炙燒某些材料增添煙燻風味，或是在客人飲用前告訴客人你用了哪些苦精或隱藏風味，引導客人感受其中的味道與香氣。

比以往豐富、成熟。從前大家視為便宜貨的無酒精調酒，如今已像工藝可樂（Craft Cola）或第三波咖啡浪潮的咖啡一樣逐漸品牌化，大眾的認知也逐漸轉變。無酒精調酒的世界充滿無限可能，還有許多未知等待我們發掘。喝酒和不喝酒的人一同上酒吧享受樂趣的情景或許指日可待。

Low-Non-Bar's Recipe .01

LOW-NON-BAR

LOW-NON-BAR

ABV 0%

客人常問道「無酒精調酒跟果汁有什麼不同」，這一杯與我們酒吧同名的無酒精調酒就是最言簡意賅的回答。我們選擇用小鳥造型的杯子盛裝，象徵雞尾酒一詞的由來（雞的尾羽）。

材　料

蔓越莓汁	30ml
葡萄柚汁	30ml
shrbOrange & Ginger	45ml
覆盆莓	4顆
藍莓	4顆
草莓	1～2顆
甜椒（紅）	1段

裝飾物

迷迭香	1枝

作法

❶ 將shrb以外的材料加入果汁機打勻。
❷ 以雙層濾網過濾❶並倒入波士頓雪克杯。
❸ 加入shrb，進行拋接。
❹ 倒入小鳥造型玻璃杯，插入吸管並塞入迷迭香裝飾。

Low-Non-Bar's Recipe .02

海洋翠綠

SEA GREEN

ABV 5.5%

這杯酒是以海景為意象設計的低酒精調酒。風味主軸為奇異果，搭配與奇異果契合的藥草與蜂蜜滋味（夏翠絲）、礁岩海岸的海潮香與焦糖味（焦糖昆布）堆疊整體層次。

材　料

夏翠絲黃寶香甜酒	10ml
奇異果風味水※1	60ml
昆布焦糖※2	2～3tsp
岩鹽	1撮

裝飾物

喜歡的香草	適量

作法

❶ 將所有材料加入Rock杯，攪拌（至岩鹽徹底融化）。

❷ 可依喜好放入百里香或鼠尾草裝飾。

※1［奇異果風味水］

材料：綠色奇異果、礦泉水、維他命C、果膠酶　皆適量

① 奇異果去皮後秤重。

② 倒入果汁機，加入與①等重的礦泉水，再加入①重量 1%的維他命 C 與①重量 0.5%的果膠酶並打勻。

③ 放入冰箱靜置 1 小時，再以廚房紙巾過濾。

※2［昆布焦糖］

材料：昆布高湯 525ml ／細白砂糖 500g ／蘋果醋 1 大匙

① 鍋中先加入 25ml 的昆布高湯與細白砂糖、蘋果醋，以中火將砂糖煮至紅褐色。

② 將①倒在烘焙墊上鋪平，待其冷卻凝固。

③ 將②放回鍋中，加入剩下 500ml 的昆布高湯，以小火加熱，溶解已經凝固的焦糖，做成糖漿。

Low-Non-Bar's Recipe .03

YOASOBI

YOASOBI

ABV 0%

這杯是我受託以雙人音樂組合「YOASOBI」為主題設計的一杯無酒精調酒，改編自經典調酒「拉莫斯琴費斯（Ramos Gin Fizz）」。YOASOBI 的特色在於曲風很 J-POP，但又含有一些晦暗的元素，所以我以優格的風味為主，再加入些微的艾碧斯（綠色惡魔）風味。

材　料

無酒精琴酒（NEMA 0.00%艾碧斯風味款）	30ml
檸檬汁	15ml
萊姆汁	15ml
開心果糖漿※	30ml
鮮奶油	30ml
蛋白（中顆）	1個
鹽	1撮
氣泡水	90ml

裝飾物

乾燥玫瑰花瓣	1小匙
葉脈	1片

※[開心果糖漿]

材料：去殼開心果 20g ／簡易糖漿 100ml

① 將開心果浸泡於簡易糖漿半天左右。

② 用果汁機將①攪打至留下一些粗顆粒，靜置將近一小時。

③ 以濾網或廚房紙巾過濾。

作法

❶ 將蛋白與鹽巴加入雪克杯，使用奶泡機或其他器具稍微打發。

❷ 加入氣泡水以外的其他材料，充分搖盪。

❸ 在平底杯中倒入30ml的氣泡水，然後將❷倒入。

❹ 加入剩下60ml的氣泡水。

❺ 讓慕斯高出杯口，放入吸管並裝飾。

Low-Non-Bar's Recipe .04

林中迷霧

WOODLAND MIST

ABV 4.5%

這杯低酒精調酒用了傳說埃及豔后鍾愛的香料——乳香（frankincense）。整杯酒蘊含乳脂香氣，又透出一絲松葉林、柑橘的氣息，呈現清涼早晨雲霧瀰漫在松樹林間的意象。

材　料

乳香伏特加※1	10ml
無酒精清酒（月桂冠Special Free）	10ml
檸檬汁	10ml
檸檬糖漿※2	10ml
杜松子	4顆
小荳蔻	1顆
肉荳蔻	微量
氣泡水（或硬水）	45ml

裝飾物

迷迭香	適量

（或炙燒迷迭香後裝飾）

※1［乳香伏特加］

材料：伏特加 200ml ／乳香樹脂（有機）5g

① 將乳香樹脂浸泡於伏特加 3 天左右。

② 以咖啡濾紙過濾。

※2［檸檬糖漿］

材料： 檸檬、細白砂糖 皆適量

① 削下檸檬皮（盡量去除白色內皮）。

② 榨取檸檬汁，秤重。

③ 鍋中加入檸檬汁、與②等重的細白砂糖、①削下來的檸檬皮，開小火加熱溶解砂糖。

④ 砂糖溶解後，馬上將鍋子泡入冰水降溫。

作法

❶ 將伏特加、杜松子、小荳蔻、肉荳蔻碎屑加入雪克杯，以搗棒輕輕搗碎香料（釋放香氣）。

❷ 濾除❶的碎屑並倒入葡萄酒杯，再加入其餘材料。

❸ 放入1顆冰塊，攪拌。

Low-Non-Bar's Recipe .05

午夜雛菊
MIDNIGHT DAISY

ABV 0%

這杯無酒精調酒有類似高濃度調酒的複雜風味，屬於苦味較紮實的大人口味。建議使用酸味較明亮的咖啡。

材　料

無酒精苦酒※1	20ml
冷萃咖啡	20ml
玫瑰水	15ml
松露蜂蜜糖漿※2	10ml
萊姆汁	2tsp
氣泡水	70ml

裝飾物

酒漬櫻桃	3顆

※1[無酒精苦酒]

材料：義大利亞維納草本利口酒、吉拿開胃利口酒、皮康開胃酒（Picon）皆適量

① 所有材料等量混合均匀，使用減壓蒸餾機進行脫醇（去除酒精），蒸餾至剩下一半的量為止。

※2 [松露蜂蜜糖漿]

材料：松露蜂蜜 50g ／熱水 50ml

① 將松露蜂蜜與熱水混合均勻，冷卻後即完成。

作法

❶ 將氣泡水以外的材料加入茶杯，再加入冰塊攪拌。

❷ 加入氣泡水，輕拌混合。

❸ 放上櫻桃串裝飾。

Low-Non-Bar's Recipe .06

瑪德琳
MADELEINE

ABV 5%

電影 007 系列的主角詹姆斯龐德曾經對 2 名女郎付出過真心，分別是「薇絲朋（Vesper）」以及「瑪德琳（Madeleine）」。超知名經典調酒「薇絲朋馬丁尼（Vesper Martini）」的名稱就是取自前者，而這杯瑪德琳則是與之相對的低酒精雞尾酒創作。

材　料

日本桂花陳酒※ …… 30ml
琴酒（Monkey 47）…… 10ml
無酒精白酒（Vintense Chardonnay）…… 20ml
無酒精琴酒 …… 10ml

※[日本桂花陳酒]
材料：雪莉酒（Moscatel）400ml ／甘蔗糖 200g ／桂花 12g ／檀香 3g
① 將雪莉酒倒入鍋中，加熱使酒精揮發。
② 關火後加入甘蔗糖、桂花、檀香，悶 5 ～ 7 分鐘。
③ 以廚房紙巾過濾。

作法　❶ 攪拌所有材料，注入陶製雞尾酒杯。

Low-Non-Bar's Recipe .07

啥事呀？老兄

WHAT'S UP DOC?

ABV 0%

這杯作品的靈感來自知名卡通人物——兔巴哥的口頭禪：「啥事呀？老兄（what's up, doc?）」。我採預調方式並做成隨開即飲的 RTD 形式，我想像愛吃紅蘿蔔的兔巴哥如果哪天來到酒吧，就可以馬上為他端上這杯。

材　料

紅蘿蔔蘋果汁※1	100ml
積雪草茶※2	50ml
啤酒花糖漿※3	20ml

※1［紅蘿蔔蘋果汁］
材料：紅蘿蔔 2 根／蘋果 1/2 顆
① 將材料放入慢磨蔬果機榨汁。
② 取①重量 0.5％的果膠酶、①重量 0.25％的抗壞血酸（Ascorbic acid），進行澄清。

※2［積雪草茶］
材料：積雪草（雷公根）4g／滾水 100ml
① 將積雪草加入燒開的水中悶 2 分鐘。

※3［啤酒花糖漿］
材料：尼爾森啤酒花（Nelson hops）3g／檸檬滴啤酒花（Lemondrophops）3g／水 300ml
① 將兩種啤酒花倒入水中溶解，進行舒肥（52℃、2 小時）。
② 以咖啡濾紙過濾。
③ 加入②の重量 1/2 的細白砂糖與②重量 1%的蘋果酸。

作法
❶ 將材料加入氣泡機專用的瓶子，打入二氧化碳。
❷ 將❶裝進玻璃瓶，封蓋。
❸ 供應時直接開瓶，倒入裝好冰塊的玻璃杯。

Low-Non-Bar

Bar info

Low-Non-Bar 東京都千代田神田須田町 1-25-4 神田万世橋 1F-S10 TEL : 03-4362-0377

日本第一支無酒精琴酒

2018年12月，日本推出首支無酒精琴酒「Non-Alcoholic Gin NEMA 0.00%」，全天然材料製作，不添加任何人工香料與防腐劑，上市後立刻造成轟動。這項產品是由橫濱酒吧「Cocktail Bar Nemanja」主理人北條智之監製，而該店本身便是以品項齊全的工藝琴酒聞名。產品名稱「NEMA」既摘自他的店名（取自塞爾維亞小提琴家Nemanja Radulovic），同時也是塞爾維亞語中「零」、「無」的意思。

這支無酒精琴酒的誕生契機要追溯至2014年，當時北條先生受日本芳療學會邀請舉辦講座，並參與當地的健康推廣計畫「未病 Project」。他在醫院實驗室的研究過程中了解到精油與芳香蒸餾水（純露）的製作方法，於是開始思考能否利用純露調配無酒精琴酒。巧的是，隔年英國便推出了全球首支無酒精烈酒「SEEDLIP」。

「SEEDLIP之後陸陸續續出現許多無酒精飲品，不過他們的做法都是先製作琴酒再脫醇，跟我當初的構想不同。所以我就想，我用自己的構想製造不一樣的商品可能也滿有趣的。」（北條先生）

北條先生打算分別蒸餾每種草本原料，先製作純露再進行調和，而不是把所有材料都放在一起一次蒸餾，這樣有利於依照原料性質調整合適的蒸餾溫度與處理方式。

「我想知道植物蒸餾液放在常溫下保存會怎麼樣。其實也可以直接請食品分析中心檢驗，但我想親眼見證，所以自己在店裡觀察、分析這些蒸餾液會隨著時間產生什麼樣的變化。在整個開發過程，這個環節最花時間。我一一驗證沉澱物出現的可能原因，例如是否因為沒有完全煮沸，還是過濾器有問題，結果發現那些本身就有抗菌作用的草本原料蒸餾成純露後，常溫保存也不會出問題。於是我就想，如果加入這種純露，就不必另外添加防腐劑或人工添加物了。現在我們推出的標準產品都含有幾種抗菌力強的芳香成分。」（北條先生）

首發產品「Non-Alcoholic Gin NEMA 0.00％ First Edition」（左）、「Non-Alcoholic Gin NEMA 0.00% Distiller's Cut 2018」（右）。右邊這款是限量商品，每年只會釋出一批。

「我也體會到要將草本原料的風味溶進水裡有多麼困難。蒸餾酒精的時候，植物的精油會被酒精溶解，但水就沒辦法，所以蒸餾後會得到精油和香氣淡薄的風味水這兩樣東西，最後還必須用特殊濾紙去除精油。我們草本原料的用量是一般蒸餾酒的兩倍以上，而且都是有機原料，所以成本其實很高。」（北條先生）

儘管這一套無酒精琴酒的蒸餾技術與基本配方逐漸成熟，神奈川縣卻找不到可以委託生產的蒸餾廠。

「我問過幾間飲料工廠，向對方說明我這套無酒精琴酒的概念與製法，然而幾乎所有人都反過來勸我改用一般風味水的製造方法。正當我就要放棄時，突然想起長野縣的 Asaoka Rose，之前我因為一些萃取玫瑰的問題請教過他們。一開始他們也婉拒，我費了一番功夫說服他們，終於得以正式生產無酒精琴酒。從構想到上市總共花了4年。」（北條先生）

原料包含一夕成名（左）與戈莫瑪蒂（右）兩種玫瑰，且都來自 Asaoka Rose 位於海拔 1000m 的玫瑰園（約 600 坪）。一夕成名玫瑰當初在宇宙開花的日期是 10 月 29 日，這一天剛好也是「Cocktail Bar Nemanja」開店的日期，因此北條先生感覺自己和這個品種的玫瑰花相當「有緣」。

北條先生分別使用銅製的 Alambic 蒸餾器與陶製的純引蒸餾器，並根據每一種草本原料的性質調整蒸餾方式（液壓或蒸氣）、蒸餾溫度、回收率。

2019 年 NEMA 申請生產執照，隔年核發。其獨一無二的製程與配方也獲得官方認證。NEMA 的基本款以「一夕成名」（Overnight Sensation）、「戈莫瑪蒂」（Gol Mohammadi）2 種玫瑰作為風味主軸；前者是曾在外太空綻放的玫瑰品種，後者則是大馬士革玫瑰家族的一員，據說也是人類歷史上第一種拿來蒸餾的玫瑰。至於琴酒原料中不可或缺的杜松子則來自馬其頓，帶有新鮮鳳梨香氣，結合一夕成名玫瑰後形成一股類似香蕉的香氣。此外還包含薰衣草、小荳蔻、芫荽籽，總共使用了 6 種草本原料。

蒸餾用的水源來自 Asaoka Rose 跟前的八岳山麓，山泉水水質純淨，pH 值為 7～7.1 的弱鹼性，接近於人體體液，因此較不會對人體造成刺激。NEMA 無酒精琴酒從蒸餾到貼標皆採人工作業，工藝精神滿載。現在常規產品線除了基本款，也多了艾碧斯風味款、威士忌風味款、老湯姆琴酒風味款，每年還會推出一批限量的 Distiller's Cut。

全球新風氣，

無酒精產品

日本現在也愈來愈常看到無酒精產品，這些產品都可以運用於無酒精與低酒精調酒。本書特別介紹10款產品，包含無酒精琴酒、風味醋飲、無酒精清酒、無酒精葡萄酒以及木質風味糖漿，每款商品皆可至無酒精產品網路商店「nolky」或酒類與酒吧器具選物店「Bartender's General Store」購買。

無酒精琴酒 NEMA
0.00% 基本款 （STANDARD）

500ml 3,200 日圓（含稅）

日本首支無酒精琴酒，原料包含 2 種無農藥玫瑰（一夕成名、戈莫瑪蒂）、杜松子、芫荽籽、小荳蔻、薰衣草，水源則引自八岳山麓的山泉水。適合調製琴通寧、琴瑞奇（Gin Rickey）、琴費斯（Gin Fizz），亦可將 NEMA 與任何琴酒以 1：1 的比例混合，調製出香氣四溢的低酒精版琴蕾（Gimlet）。

無酒精琴酒 NEMA
0.00% 艾碧斯風味款（ABSINTHE）

500ml 3,400 日圓（含稅）

其主要草本原料之一的苦蒿（wormwood）使用 Asaoka Rose 園內無農藥栽培的「中亞苦蒿（Artemisia absinthium）」。其他原料包含八角、小茴香、一夕成名玫瑰、蘋果薄荷（Mentha suaveolens）、鼠尾草、迷迭香、小荳蔻、杜松子。適合調製莫西多、內格羅尼（Negroni），或簡單拿來兌梨子汁（French Pear）也不錯。由於成分不含精油，所以加水也不會變得白濁。

無酒精琴酒 NEMA
0.00% 老湯姆琴酒風味款（OLD TOM）

500ml 3,400 日圓（含稅）

這款商品含桂皮純露，呈現老湯姆琴酒特有的甜味，並調和了戈莫瑪蒂玫瑰、杜松子、小荳蔻、芫荽籽、檸檬草，打造具辛香料氣息卻溫和、爽口的無酒精琴酒。適合調製琴索尼（Gin Sonic，琴酒＋氣泡水＆通寧水各半）或簡單兌蘋果汁（Big Apple）。

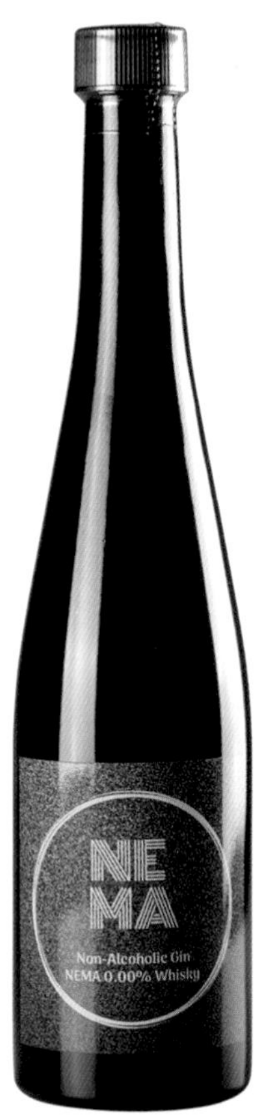

無酒精琴酒 NEMA
0.00% 威士忌風味款（Whisky）

500ml 3,240 日圓（含稅）

威士忌這一支無酒精琴酒使用泥煤燻製麥芽與白橡木桶，打造類似威士忌的香氣，再透過黑荳蔻進一步襯托煙燻味。原料包含 2 種玫瑰、杜松子，還有可可豆、黑荳蔻、肉荳蔻、馬鬱蘭。適合調製媽咪泰勒（Mamie Taylor，威士忌＋檸檬汁＋薑汁汽水）、石圍籬（Stone Fence，威士忌＋安格式苦精＋蘋果酒）。

/shrb
Original

250ml 550 日圓（含稅）

「shrub」是浸泡過水果或香草植物的醋，再混合其他水果與草本植物原料製成的風味醋飲；「/shrb」則是以風味醋飲加果汁調製而成的RTD飲料品牌。Original 喝起來有點昆布高湯、乾燥香草植物、橘子之類的香氣，整體口感圓潤，尾韻略帶醋的酸勁，適合拿來兌番茄汁，或做成 Mist 類（杯中加滿碎冰）再擠一點萊姆汁；也可以加在水果調酒裡面，將風味輪廓勾勒得更鮮明。

/shrb
Orange & Ginger

250ml 550 日圓（含稅）

這個口味有新鮮薑末與玫瑰華麗的香，還帶有一些橙皮風味，令人聯想到柑橘利口酒。此外還帶有綠檸檬、大茴香、肉桂、薑、水煮紅蘿蔔之類的風味，柑橘的苦味與薑的辛辣則讓清晰的柳橙風味顯得更集中。這一款直接飲用就很好喝，以 1：1 的比例調配可爾必思也不錯。

Vintense Chardonnay

750ml 1,400 日圓（含稅）

這款無酒精白酒的製造商為 1895 年創立的老字號蘋果酒廠牌 Stassen（Neobulles 集團），做法是先釀造葡萄酒，再透過獨家低溫低壓技術進行蒸餾，在最大限度保留葡萄酒風味的前提下去除酒精成分，喝起來帶點蘋果般的甜與檸檬的清爽香氣，也能喝到白葡萄代表品種「夏多內（Chardonnay）」那種繁複的果味與紮實的酸度。

JOYÉA

Organic Sparkling Chardonnay

750ml 1512 日圓（含稅）

這是由法國酒莊「Domaine Pierre Chavin」與葡萄酒公司愛諾特卡（Enoteca）共同研發的氣泡酒風味飲，酒精度數低於 0.1%。他們以有機葡萄為原料，並透過獨門製程減少成品熱量。其氣泡細膩綿密且持久，最後留下新鮮的柑橘調尾韻。

月桂冠

Special Free

245ml 390 日圓（含稅）

這支無酒精飲品不含任何米、米麴等釀造清酒的原料，卻擁有令人聯想到大吟釀酒的風味。月桂冠藉由調和胺基酸打造甜味與韻味，仿造大吟釀的特殊果香與渾厚口感，喝的時候也建議比照大吟釀的喝法，冰過再喝；或加入萊姆角和砂糖做成卡琵莉亞（Caipirinha）的感覺。

輕井澤 木（食）人

FOREST SYRUP

250ml 1,931 日圓（含稅）

「木（食）人」的品牌理念是將輕井澤離山中帶有香氣的樹木做成食品，而這款糖漿就是他們的第一號商品。FOREST SYRUP 以日本冷杉、日本赤松、日本落葉松、大果山胡椒、日本扁柏等輕井澤當地採集到的 5 種原料進行蒸餾，再做成糖漿。其沁涼風味令人彷彿置身林間，適合加氣泡水、萊姆、薄荷調成類似莫西多的風格。這瓶糖漿為我們帶來「喝到森林味道」的全新體驗。

酒精濃度（ABV）

根據日本《酒稅法》規定，酒精濃度 1%以上的飲料即屬於「酒類」。本書以所有材料總和之酒精濃度為準（未計融水量），定義濃度不及 1%者為「無酒精調酒」，濃度 1%～ 10%者為「低酒精調酒」。而根據製作者的搖盪、攪拌方式，以及冰塊的形狀與數量，會造成融水量的不同，成品酒精濃度亦會隨之改變。因此整體而言，成品的酒精濃度會比酒譜上標示的濃度還要低。

酒譜難度

每份酒譜的酒精濃度標示底下還會以星號（★～★★★）標示調製難度。★的難度最低，星號數量愈多代表製作難度愈高。此難易度僅為每位調酒師各自提供之 10 杯酒譜之間的相對標準。

材料單位與份量

1tbsp ＝約 15ml（1 大匙）
1tsp ＝約 5ml（1 小匙）
1dash ＝約 1ml（苦精瓶一抖振的量）
1drop ＝約 1/5ml（苦精瓶倒過來時自然落下 1 滴的量）

※ 若對於調酒材料、器具與手法等術語有任何疑問，請參照 329 頁的調酒術語解說附錄。

Mocktail
&
Low-ABV Cocktail
Recipes

CASE.01

The Peninsula Tokyo Peter: The Bar

Mari Kamata

Peter: The Bar

江戶皇宮

EDO Palace

ABV 0%

★ ☆ ☆

八朔橘的微苦滋味沁人心脾

MOCKTAIL RECIPE

材料

八朔橘汁 …… 60ml
薄荷 …… 1截
薑糖漿 …… 10ml
通寧水 …… 60ml

裝飾物

抹茶 …… 適量
薄荷 …… 適量

作法

❶ 杯口沾上半圈抹茶。
❷ 將薄荷放入Tin杯輕輕搗出香氣，再加入八朔橘汁與薑糖漿後攪拌。
❸ 將冰塊放入❶，再倒入❷。
❹ 加入通寧水，輕拌混合。
❺ 放上薄荷裝飾。

調酒師談這杯酒的創作概念

這是本店的招牌無酒精調酒。因為東京半島酒店所在位置過去屬於江戶城的一隅，所以才設計這樣一杯作品。德川家康於天正18年（1590年）8月1日入主江戶，這一天又稱作「八月朔日」，所以我以八朔橘的果汁為基底，再加入薑的風味，象徵德川家康在戰國時代默默累積實力的堅毅；薄荷則是象徵酒店窗外綠意盎然的皇居外苑風光。

Peter: The Bar

寶寶東京風雲

Baby Tokyo Joe

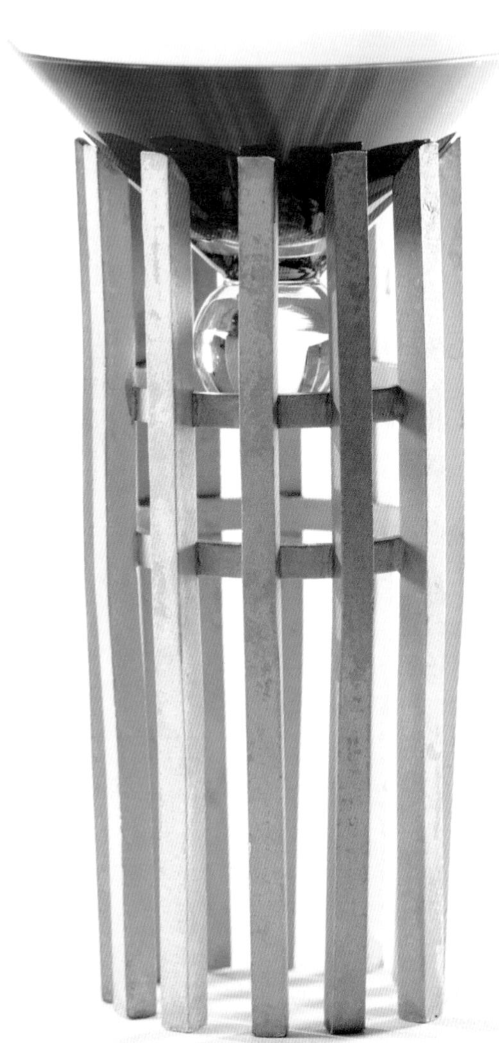

ABV 0%

★ ★ ☆

將致敬好萊塢電影的調酒改編成無酒精版本

MOCKTAIL RECIPE

材 料

無酒精梅酒	20ml
蔓越莓汁	45ml
檸檬汁	10ml
橙皮糖漿	15ml
小荳蔻	5顆

作法

❶ 將小荳蔻放入雪克杯，以搗棒確實搗碎。

❷ 加入剩餘材料，搖盪。

❸ 過濾倒入酒杯。

調酒師談這杯酒的創作概念

東京風雲是本飯店開幕時設計的招牌特調，靈感來自亨佛萊鮑嘉主演的同名電影《東京風雲》（暫譯，原名：Tokyo Joe），而這杯寶寶東京風雲則是無酒精的版本。原本的酒譜是以琴酒為基底，搭配吉寶蜂蜜香甜酒、梅酒、蔓越莓汁、檸檬汁並採搖盪法調製，無酒精版本則以搗碎的小荳蔻代替琴酒與蜂蜜香甜酒，增添複雜的辛香料風味。無酒精版本的成品色澤乃至於使用的寬口酒杯皆與原版相同，因此也能體驗到與原版相同的氛圍。

Peter: The Bar

辛香嫣紅

Epice Rouge

ABV 0%

★★★

令人浮現紅酒印象的無酒精調酒

MOCKTAIL RECIPE

材　料

香料可爾必思※ …… 30ml
葡萄汁 …… 30ml
通寧水 …… 30ml

※[香料可爾必思]
材料：可爾必思 1000ml ／粉紅胡椒 15g ／芫荽籽 15g ／小荳蔻 20g
① 將香料搗碎後加入可爾必思。
② 浸泡 24 小時後過濾。

裝飾物

覆盆莓 …… 1顆
綠薄荷 …… 1小截

作法

❶ 將香料可爾必思與葡萄汁加入雪克杯，搖盪後倒入裝好冰塊的利口酒杯。
❷ 加入通寧水，輕拌混合。
❸ 以劍叉刺起覆盆莓與薄荷，掛於杯口裝飾。

調酒師談這杯酒的創作概念

Epice和Rouge分別是法文中香料與紅色的意思。我用混合了釀酒葡萄的葡萄汁搭配浸泡過辛香料的可爾必思和通寧水，構成一杯風味令人聯想到紅酒的無酒精調酒。其實用紅酒杯盛裝比較符合意象，不過考量到整杯酒的分量，還是容量較小的利口酒杯剛好一些。這是我2017年參加「Cocktail Re Creation Mocktail Competition」的優勝作品。

Peter: The Bar

薑＆檸檬草
Ginger & Lemongrass

ABV 5%

★★★

充滿東洋風情的下午茶調酒

COCKTAIL RECIPE

材 料

琴酒	20ml
新鮮薑片	3片
法國檸檬薑茶（French Lemon Ginger Tea）	130ml
檸檬汁	5ml
西洋梨糖漿	5ml
通寧水	30ml

作法

❶ 將新鮮薑片放入Tin杯輕輕搗出香氣，接著加入通寧水以外的材料攪拌。

❷ 將❶倒入裝好冰塊的杯子。

❸ 加入通寧水，輕拌混合。

調酒師談這杯酒的創作概念

「French Lemon Ginger Tea」是一款以有機檸檬草與薑調配的辛香調香草茶，我以這款香草茶作為主軸，設計了一杯口感清爽的低酒精調酒。琴酒本身清爽的草本風味與香草茶共譜東洋風情，很適合下午茶時間小酌一杯。

Peter: The Bar

香料費斯
Spicy Fizz

ABV 0%

★ ★ ★

層出不窮的多元香料風味

MOCKTAIL RECIPE

材　料

小荳蔻 …… 6顆
粉紅胡椒 …… 20顆
芫荽籽 …… 20顆
萊姆汁 …… 15ml
橙皮糖漿 …… 20ml
通寧水 …… 適量

裝飾物

萊姆片 …… 1片

作法

❶ 將小荳蔻、粉紅胡椒、芫荽籽加入雪克杯並確實搗碎。
❷ 接著加入萊姆汁與糖漿，搖盪後過濾倒入裝好冰塊的杯子。
❸ 加入通寧水，輕拌混合。
❹ 放上萊姆片裝飾。

調酒師談這杯酒的創作概念

這杯是某天有位客人表示「想喝一點無酒精但又有刺激感的東西」時我想到的作品。我應用「辛香嫣紅」（p.36）材料中的辛香料，做成費斯的風格。我在調製無酒精雞尾酒時，如果覺得味道稍嫌單薄，大多會加入帶點微橙皮香氣的橙皮糖漿而不是簡易糖漿。雖然我下了20ml，但橙皮的風味也不會搶鋒頭，整杯酒的架構依然相當平衡。

Peter: The Bar

玫瑰＆迷迭香
Rose & Rosemary

ABV 5%

★★☆

從名稱和顏色發想的直覺組合

COCKTAIL RECIPE

材　料

威士忌 …… 20ml
蔓越莓汁 …… 15ml
檸檬汁 …… 1tsp
玫瑰糖漿 …… 10ml
迷迭香 …… 3cm
鼠尾草 …… 2片
氣泡水 …… 適量

裝飾物

迷迭香 …… 1枝

作法

❶ 將迷迭香、鼠尾草放入雪克杯，搗出香氣。
❷ 加入威士忌、蔓越莓汁、檸檬汁、玫瑰糖漿後搖盪。
❸ 將❷過濾倒入裝好冰塊的杯子。
❹ 加入氣泡水，輕拌混合。
❺ 放入迷迭香裝飾。

調酒師談這杯酒的創作概念

玫瑰（rose）和迷迭香（rosemary）的英文名稱裡都有「rose」，我猜這兩種材料或許很搭，便設計了一杯無酒精調酒，後來再加入威士忌就變成了現在這杯調酒。我有時會根據呈現的色調選擇材料，像這杯酒就是用粉紅色與威士忌的琥珀色調出可愛的色調。調製這杯酒時，我建議使用味道柔順的蘇格蘭調和威士忌。如果不用威士忌，白蘭地也很合適。

Peter: The Bar

蘋果&八角

Apple & Anise

ABV 0%

★★☆

靈感來自蘋果與辛香料的絕妙組合

MOCKTAIL RECIPE

材　料

蘋果汁	80ml
檸檬汁	5ml
簡易糖漿	5ml
五香粉	1/2tsp

裝飾物

八角	1顆

作法

❶ 將所有材料搖盪後過濾倒入酒杯。

❷ 放上一顆八角裝飾。

調酒師談這杯酒的創作概念

蘋果和辛香料真的是相得益彰的組合，很多人製作蘋果派和糖煮蘋果時也會加一點肉桂、丁香。我這杯酒就是以蘋果汁為基底，加入少量常見的中式香料「五香粉」。五香粉的五香分別是八角、花椒、丁香、肉桂、小茴香，而我又想特別強調八角的風味，所以還準備一顆八角當作裝飾物，烘托香氣。

柚子&西洋梨
Yuzu & Poire

ABV 5%

★ ☆ ☆

柚子獨特的辛辣尾韻綿延悠長

COCKTAIL RECIPE

材　料

龍舌蘭 ………… 20ml
柚子汁 ………… 10ml
西洋梨糖漿 ………… 10ml
氣泡水 ………… 適量

裝飾物

檸檬片 ………… 1片

作法

❶ 將氣泡水以外的材料加入雪克杯，搖盪後倒入裝好冰塊的杯子。
❷ 加入氣泡水，輕拌混合。
❸ 放入檸檬片裝飾。

調酒師談這杯酒的創作概念

萊姆柚子比檸檬、萊姆多了一點辛辣的風味，很適合搭配西洋梨這種味道溫和的水果，再結合龍舌蘭那種青草氣息，風味架構更完整。這杯作品是我們店裡無酒精區「ØPROOF」提供的飲品，原本不含龍舌蘭，所以即使不加龍舌蘭也很好喝。龍舌蘭建議使用在橡木桶內熟陳不到2個月的「白色龍舌蘭（blanco）」。

Peter: The Bar

無酒芒果貝里尼
Baby Mango Bellini

ABV 0%

★ ☆ ☆

仿造芒果布丁風味的無酒精調酒

MOCKTAIL RECIPE

材　料

芒果汁	30ml
椰子糖漿	5ml
無酒精氣泡酒	90ml
紅石榴糖漿	1tsp

[貝里尼經典酒譜]
材料：氣泡酒 40ml ／水蜜桃果汁 20ml ／紅石榴糖漿 1dash
① 將水蜜桃果汁與紅石榴糖漿加入香檳杯，攪拌。
② 加入氣泡酒後輕拌混合。

作法

❶ 將芒果汁與椰子糖漿加入杯中攪拌。
❷ 加入無酒精氣泡酒，輕拌混合。
❸ 滴入紅石榴糖漿。

調酒師談這杯酒的創作概念

「芒果布丁」是我們東京半島酒店的招牌原創甜點。我以水蜜桃與氣泡酒調製的經典調酒「貝里尼（Bellini）」為基礎，改編成這杯模擬芒果布丁風味的無酒精調酒。我們飯店的芒果布丁只要拿湯匙一挖，底下的椰子醬就會湧出來，所以我在這杯酒裡面也加了椰子糖漿。本飯店的超人氣甜品以濃郁椰子醬與清爽酸甜芒果交織出絕妙風味，歡迎各位也試試看這杯以它為概念創作的無酒精調酒。

Peter: The Bar

接骨木花＆薄荷

Elderflower & Mint

ABV 5%

★★☆

酸爽檸檬結合勁涼薄荷的暢快莫西多

COCKTAIL RECIPE

材　料

蘭姆酒	20ml
接骨木花糖漿	10ml
檸檬汁	10ml
薄荷	適量
通寧水	適量

裝飾物

檸檬皮	1片

作法

❶ 將薄荷放入Tin杯，搗出香氣。

❷ 加入蘭姆酒、接骨木花糖漿、檸檬汁，攪拌後倒入裝好冰塊的杯子。

❸ 加入氣泡水，輕拌混合。

❹ 噴附檸檬皮油，將檸檬皮丟入杯中。

[莫西多經典酒譜]

材料：蘭姆酒 45ml ／萊姆 1/2 顆／薄荷 10～15 片／砂糖 2tsp ／氣泡水適量

裝飾物：薄荷 適量

① 將萊姆汁擠入平底杯，並將萊姆丟入杯中。

② 加入薄荷、砂糖、氣泡水，搗出薄荷香氣並溶解砂糖。

③ 碎冰杯中填滿碎冰，加入蘭姆酒，充分攪拌。

④ 放上薄荷裝飾，插上吸管。

調酒師談這杯酒的創作概念

接骨木花的風味有點類似麝香葡萄，所以我將它視為水果材料，接著又想它或許可以搭配香草植物，最後決定以莫西多為基礎進行改編。歐洲人俗稱「萬靈藥」的接骨木花擁有溫和果香，很適合搭配氣味沁涼的薄荷，打造清新宜人的風味。基酒建議選擇沒有熟陳過的無色透明蘭姆酒。

東京半島酒店 **Peter:The Bar**

Bartender

鎌田真理

2007 年 9 月東京半島酒店開幕時，鎌田真理便以資深調酒師的身分掌管酒吧。她過去參加國內外大小調酒比賽，斬獲無數獎項。2009 年她參加帝亞吉歐舉辦之調酒比賽「World Class」奪下日本區冠軍，並代表日本遠赴倫敦參加總決賽，在服務演出項目（Ritual and Cocktail Theatre Challenge）中獲得第 1 名，綜合排名世界第 2。2017 年 6 月她接任飯店酒水部經理，統籌飯店直營餐廳之飲品與宴會用飲料等諸事務。她也擁有侍酒師、唎酒師證照。

Bar info

東京半島酒店 **Peter: The Bar** 東京都千代田有楽町 1-8-1 ザ・ペニンシュラ東京 24F TEL ： 03-6270-2888

Mocktail
&
Low-ABV Cocktail
Recipes

CASE.02

BAR NEKOMATAYA

Hirohito Arai

BAR NEKOMATAYA

無酒精莫斯科騾子

Mocktail Moscow

ABV 0%

★ ☆ ☆

運用糖漿與軟性飲料創造豐富層次

MOCKTAIL RECIPE

材　料

莫斯科騾子風味糖漿
（北岡本店Japanese H&G）……50ml
氣泡水……100ml
萊姆……1/8顆

裝飾物

新鮮薑片……1片
月桂葉……1片

作法

❶ 將所有材料加入裝好冰塊的銅杯，輕拌混合。
❷ 裝飾。

［莫斯科騾子經典酒譜］
材料：伏特加 45ml ／萊姆汁 15ml ／薑汁啤酒 適量
① 將伏特加與萊姆汁倒入裝好冰塊的銅杯（或平底杯）。
② 加入薑汁啤酒，輕拌混合。

調酒師談這杯酒的創作概念

無酒精也能輕鬆品嘗到經典調酒「莫斯科騾子」的風味。如果調整成30ml的莫斯科騾子風味糖漿搭配20ml的柚子、橘子、梅子之類的水果風味糖漿，即可做成果香版莫斯科騾子。天氣冷的時候還可以用熱水或熱紅茶取代氣泡水，紅茶選自己喜歡喝的種類即可，像大吉嶺或伯爵茶都不錯。

BAR NEKOMATAYA

葡香咖啡

Grape Espresso

ABV 0%

★ ☆ ☆

恰到好處的苦味中飄出甜美香氣

MOCKTAIL RECIPE

材　料

葡萄汁
（COCO FARM & WINERY 100%濃縮還原果汁）………… 45ml
義式濃縮咖啡 ………… 45ml
簡易糖漿 ………… 10ml

裝飾物

百里香 ………… 2枝

作法

❶ 將所有材料搖盪後倒入香檳杯。
❷ 加入1顆冰塊。
❸ 放上百里香裝飾。

調酒師談這杯酒的創作概念

我自己習慣在調製「咖啡馬丁尼（Espresso Martini）」時加一點PX雪莉酒（甜味雪莉酒），所以想到可以用義式濃縮咖啡和葡萄調製一杯無酒精調酒。我建議以搖盪法調製，才能做出類似咖啡上面那一層「crema（※）」，但如果讀者覺得搖盪法很難掌握，單純將材料攪拌均勻也沒問題。也可以用冰咖啡（無糖）代替義式濃縮咖啡。以百里香裝飾可以在滿滿的葡萄果香與咖啡香之中增添一股清新感，擴增風味層次。

※crema…濃縮咖啡上面特有的泡沫狀脂層。

BAR NEKOMATAYA

櫻花鹹狗

Sakura Salty Dog

ABV 4.5%

★☆☆

珍珠粉在杯中旋舞的夢幻版鹹狗

COCKTAIL RECIPE

材　料

APHRODITE Sakura ………… 60ml

葡萄柚汁
（TropicanaGrapefruit100%濃縮還原果汁）………… 60ml

［經典鹹狗酒譜］
材料：伏特加 45ml ／葡萄柚汁 適量
① 古典杯口沾上一圈鹽巴，放入冰塊，倒入材料後攪拌。

裝飾物

櫻花鹽 ………… 適量

作法

❶ 古典杯口沾上半圈櫻花鹽。
❷ 放入冰塊，倒入APHRODITE Sakura。
❸ 緩緩加入葡萄柚汁。
❹ 放入細小吸管。

調酒師談這杯酒的創作概念

這杯酒改編自經典調酒「鹹狗（Salty Dog）」，以帶著溫和櫻花香氣的利口酒取代伏特加。可以先加酒再緩緩加入果汁，做出漂亮的分層，也可以直接將兩者攪拌均勻。記得附上小吸管代替攪拌棒。攪拌時，利口酒含有的珍珠粉也會在杯中旋轉，看起來十分夢幻，亮麗的粉紅色也令人聯想到春天盛開的櫻花。

BAR NEKOMATAYA

瑪麗露

Marilou

ABV 0%

★☆☆

杯口一圈粉紅胡椒鮮豔吸睛

MOCKTAIL RECIPE

材　料

鳳梨汁	50ml
莫斯科騾子風味糖漿（北岡本店Japanese H&G）	15ml
萊姆汁	5ml
通寧水	50ml

裝飾物

粉紅胡椒	適量
萊姆	1/8顆

作法

❶ 將粉紅胡椒磨成粉，篩掉種子。

❷ 杯口以切下來的萊姆角潤濕，沾取❶。

❸ 將通寧水以外的材料與冰塊加入❷，攪拌。

❹ 加入通寧水，輕拌混合。

［瑪麗露原酒譜］

材料：鳳梨汁 50ml ／薑糖漿 10ml ／萊姆汁 5ml ／通寧水 50ml

① 杯口以切下來的萊姆角潤濕，沾取磨成粉的粉紅胡椒。

② 將通寧水以外的材料與冰塊加入①，攪拌。

③ 加入通寧水，輕拌混合。

調酒師談這杯酒的創作概念

2013年，法國巴黎「Le Coq」的調酒師替舒味思招牌通寧水設計了一杯名為「瑪麗露（Marilou）」無酒精調酒。我用莫斯科騾子風味糖漿取代原譜的薑糖漿，創造更複雜的辛辣風味。妝點外觀的粉紅胡椒也可以不磨碎，直接取5顆投入杯中。

BAR NEKOMATAYA

能多益

Nutella

ABV 0%

★★☆

不用果汁機也能做出霜凍類無酒精雞尾酒

MOCKTAIL RECIPE

材 料

能多益榛果可可醬 …… 50g
義式濃縮咖啡 …… 90ml
簡易糖漿 …… 20ml
鮮奶油（植物性） …… 30ml

裝飾物

薄荷 …… 1截

作法

❶ 將所有材料裝進封口袋，排除空氣後封起來。
❷ 將袋子放入長方盤，送進冷凍庫30分鐘左右待凝固。
❸ 從冷凍庫中取出❷，隔著袋子捏散內容物。
❹ 放入冷凍庫再冰30分鐘左右，然後再次取出、捏散。
❺ 盛杯。

調酒師談這杯酒的創作概念

「能多益」是義大利的榛果可可醬，這一杯則是以無酒精調酒的形式重現當地人愛吃的能多益口味義式冰淇淋。製作這杯霜凍類無酒精雞尾酒時不需要用到果汁機，也不會加任何冰塊，所以味道十分濃郁。義式濃縮咖啡的作用除了增添苦味，避免味道過於單調，也能提供製作霜凍類雞尾酒時所需的水分。如果凍結狀況不太理想，就放回冷凍庫冰久一點觀察一下。

BAR NEKOMATAYA

芒果糯米飯

Mango Sticky Rice

ABV 0%

★★☆

以甘酒為基底，將泰式甜品做成和風口味

MOCKTAIL RECIPE

材　料

芒果（冷凍）……………… 50g
椰奶……………… 40ml
簡易糖漿……………… 10ml
甘酒（寶來屋冷甘酒）……………… 80ml

作法

❶ 將芒果、椰奶、簡易糖漿、40ml的甘酒加入果汁機打勻。
❷ 再加入剩下40ml的甘酒，輕搗混合。
❸ 將❷倒入裝好冰塊的紅酒杯。

調酒師談這杯酒的創作概念

「芒果糯米飯」是泰國的傳統甜品，以椰奶炊煮糯米再搭配芒果享用。我想分享我當初吃到芒果糯米飯時的感受，所以設計了這杯無酒精調酒。為了模仿糯米的口感，我選擇帶顆粒的甘酒並且分兩次加入，而不是一次全部加進果汁機打勻，最後便做出這杯以日本甘酒為基底的和風芒果糯米飯。

BAR NEKOMATAYA

蜜柑冰醋茶

Mikan Iced Tea

ABV 0%

★★☆

葡萄醋可以增添口感與風味層次

MOCKTAIL RECIPE

材　料

橘子糖漿（北岡本店Japanese Mikan）……… 50ml
葡萄醋
（COCO FARM & WINERYVerjus風＊葡萄醋）……… 15ml
冰紅茶（無糖）……… 100ml

裝飾物

橘子片……… 適量
橘子葉（剪成圓形）……… 1片
百里香……… 1枝

作法

❶ 將所有材料加入裝好冰塊的平底杯，輕拌混合。
❷ 裝飾。

調酒師談這杯酒的創作概念

如果使用的水果風味糖漿甜味較重，酸味材料可以用醋取代檸檬、萊姆等柑橘類的水果酸，這樣整體風味會比較緊實，而且醋的酸感與水果不同，可以增添口感厚實度並帶來不同層次。若先加入橘子糖漿再緩緩倒入冰紅茶，即可做出像照片一樣的漸層。以等量的氣泡水取代紅茶也很好喝。

BAR NEKOMATAYA

熱紅酒

Vin Chaud

ABV 3%

★★☆

最適合冷天暖暖身子的簡易版熱紅酒

COCKTAIL RECIPE

材　料

紅酒（Coco Farm & Winery 農民紅葡萄酒）……………… 40ml
莫斯科騾子風味糖漿（北岡本店Japanese H&G）……………… 15ml
橘子糖漿（北岡本店Japanese Mikan）……………… 15ml
葡萄汁（COCO FARM & WINERY 100%濃縮還原果汁）……………… 80ml

裝飾物

橙片……………… 1片
八角（依個人喜好）……………… 1顆

作法

❶ 將所有材料加入鍋中，開中火加熱。
❷ 沸騰前關火，倒入耐熱玻璃杯。

調酒師談這杯酒的創作概念

「熱紅酒（Vin Chaud）」一般是在紅酒裡面加入水果、辛香料加熱後飲用，這邊我更加簡化做法，口味也調整得更平易近人。我用莫斯科騾子風味糖漿取代傳統的肉桂、丁香、薑，也用橘子糖漿取代柳橙和砂糖，並且減少紅酒的用量，多加一些葡萄汁，藉此降低酒精濃度。以微波爐（600W、約1分鐘）代替鍋子加熱也可以做出一杯好喝的熱紅酒。

BAR NEKOMATAYA

伊斯巴翁

Ispahan

ABV 4.6%

★ ★ ★

搭配玫瑰造型冰塊喝的傳奇馬卡龍

COCKTAIL RECIPE

材　料

APHRODITE Red	20ml
貴妃荔枝利口酒（Kwai Feh Lychee Liqueur）	15ml
葡萄柚汁（Welch'sPink Grapefruit100%濃縮還原果汁）	60ml
綜合莓果果泥（MONIN Red Berries Puree ）	10ml

裝飾物

玫瑰造型冰塊	1顆

作法

❶ 將玫瑰造型冰塊放入古典杯。

❷ 將所有材料搖盪後倒入❶。

調酒師談這杯酒的創作概念

這杯酒的靈感來自「甜點界畢卡索」皮耶艾曼（Pierre Hermé）的招牌作品「伊斯巴翁（Ispahan）」。這道甜美的馬卡龍將玫瑰風味鮮奶油與荔枝、覆盆莓的酸味完美契合，不過我在設計酒譜的時候並非完全仿造甜點的材料，還加入了葡萄柚汁，讓口感更輕鬆一點。皮耶艾曼本人曾自詡：「每個人一生都該吃上一次伊斯巴翁」，既然如此，各位要不要也試試看調酒版的伊斯巴翁呢？

BAR NEKOMATAYA

烏托邦

Utopia

ABV 4.5%

★ ★ ★

草本香與果香的衝突印象帶來妙趣

COCKTAIL RECIPE

材　料

TEAra JASMINE茉莉花利口酒 …… 20ml
蘋果汁（Dole Apple100%濃縮還原果汁） …… 40ml
葡萄柚汁（Tropicana Grapefruit 100%濃縮還原果汁） …… 30ml
檸檬汁 …… 5ml

裝飾物

小荳蔻苦精 …… 2drops
蘋果乾 …… 1片
迷迭香 …… 1枝
月桂葉 …… 1片

作法

❶ 將小荳蔻苦精滴入氣球杯，潤杯。
❷ 將所有材料搖盪後倒入❶。
❸ 加入2～3顆大冰塊並裝飾。

調酒師談這杯酒的創作概念

整杯酒聞起來充滿草本香，殊不知入口後卻果香四溢。我用迷迭香、月桂葉、小荳蔻的清涼感營造宛如置身森林的放鬆效果，茉莉花利口酒則帶來華麗的風味與舒服的苦味；杯子建議選擇能讓人聞到飽滿香氣的氣球杯或紅酒杯。我當初創作這杯酒時，就希望藉由分明的風味差異，在杯中創造一座夢境與現實難辨的世界。

BAR 貓又屋

Bartender

新井洋史

現任 BAR 貓又屋第二代主理人。1995 年，新井洋史開始於父親經營的「BAR 貓又屋」工作。2007 年他代表日本參加「Asia Pacific Bartender of the Year」，後來陸陸續續拿下國內外許多比賽的獎項，2011 年更勇奪「BOLS AROUND THE WORLD」的亞軍，成為史上第一位奪得該獎項的日本人。他不僅擔任 NHK BS1 教育節目「Earth TV:El Mundo」的固定班底，也經常透過雜誌等媒體推廣調酒的魅力；此外他還參與開發酒類產品，「TEAra 茶風味利口酒」、「APHRODITE」系列都是他監製的產品。

Bar info

BAR 貓又屋 栃木県足利市家富町 2222-2 TEL ：0284-43-2678

Mocktail & Low-ABV Cocktail Recipes

CASE.03

Cocktail Bar Nemanja

Tomoyuki Hojo

Cocktail Bar Nemanja

內瑪通寧

NEMA & Tonic

ABV 0%

★ ☆ ☆

花香調主導的無酒精琴通寧

MOCKTAIL RECIPE

材 料

無酒精琴酒（NEMA 0.00%基本款）……… 30ml
通寧水 ……… 100ml

裝飾物

喜歡的香草、食用花 ……… 皆適量

[經典琴通寧酒譜]
材料：琴酒 45ml／通寧水 適量
裝飾物：萊姆 1/6 顆
① 將琴酒加入裝好冰塊的平底杯，加入通寧水後輕拌混合。
② 放入萊姆裝飾。

作法

❶ 將所有材料加入裝好冰塊的氣球杯，輕拌混合。
❷ 裝飾自己喜歡的香草和食用花。

註：照片上的裝飾物為奧勒岡葉、馬齒莧（長命草）、三色堇、薄荷、茉莉葉。

調酒師談這杯酒的創作概念

這一杯是以無酒精琴酒「NEMA」調製的無酒精琴通寧。NEMA的主要草本原料是玫瑰，打開前甩動一下瓶子有助於香氣釋放。一般調製琴通寧時習慣加萊姆，但因為萊姆會掩蓋掉NEMA豐富的草本原料香氣，而且玫瑰本身也帶酸味，所以我用香氣幽微的香草植物和食用花代替。通寧水建議使用味道偏甜的品項。

Cocktail Bar Nemanja

黃金氣泡雞尾酒

Golden Spritz

ABV 4.3%

★☆☆

金黃色的艾普羅之霧

COCKTAIL RECIPE

材　料

蘇茲龍膽香甜酒	30ml
薑黃飲	20ml
無酒精氣泡酒	45ml
氣泡水	45ml

裝飾物

橙皮	1片
乾燥柳橙片	1片
鼠尾草	1枝

［艾普羅之霧經典酒譜］

材料：艾普羅香甜酒 1/2 ／義大利薄賽珂氣泡酒（Prosecco） 1/2 ／氣泡水 適量

裝飾物： 柳橙片 1 片

① 依序將氣泡酒、艾普羅加入紅酒杯。

② 依個人口味加入少量氣泡水調整，放入柳橙片裝飾。
（另有一譜為艾普羅 45ml、不甜白酒 30ml、氣泡水 45ml，且艾普羅最後加）

作法

❶ 將所有材料加入裝好冰塊的氣球杯，輕拌混合。

❷ 噴附柳橙皮油。

❸ 乾燥柳橙片放入乾燥柳橙片與鼠尾草裝飾。

調酒師談這杯酒的創作概念

「艾普羅（Aperol）」是一款帶有柳橙、草本氣息，味道清爽的苦甜利口酒，「艾普羅之霧（Aperol Spritz）」則是用氣泡酒與氣泡水兌艾普羅香甜酒而成的知名調酒。我將這杯經典調酒改編成金黃色的版本，使用顏色鮮黃、且同樣具有苦味的草本利口酒「蘇茲龍膽香甜酒（Suze）」搭配薑黃。薑黃的風味很強烈，所以用量要比蘇茲少一些。若使用甜口的氣泡酒調製，味道會更平易近人一點。

Cocktail Bar Nemanja

清醒嗨啵

Sober Highball

ABV 0%

★ ☆ ☆

一杯「喝不醉」的Highball

MOCKTAIL RECIPE

材 料

無酒精琴酒（NEMA 0.00%威士忌風味款）	30ml
薑汁啤酒	30ml
氣泡水	70ml

[Highball（威士忌蘇打）經典酒譜]
材料：威士忌 45ml／氣泡水 適量
① 將威士忌倒入裝好冰塊的平底杯，加入氣泡水並輕拌混合。

裝飾物

橙皮	1片
薄荷	適量
粉紅胡椒	適量

作法

❶ 將材料加入裝好冰塊的Rock杯，輕拌混合。
❷ 噴附柳橙皮油，橙皮直接丟入杯中。
❸ 依個人喜好可用薄荷與粉紅胡椒裝飾。

調酒師談這杯酒的創作概念

我用帶有煙燻威士忌風味的無酒精琴酒，搭配氣泡水與薑汁啤酒調成這杯無酒精Highball。薑汁啤酒的甜味可以撐起口感，辛辣味則可以代替酒精的刺激感。如果有辦法的人，我建議噴附柳橙皮油之前先炙燒一下柳橙皮，這樣香氣會更好。至於名稱的靈感則是來自「Sober curious」（主動選擇不喝酒的生活態度）。

Cocktail Bar Nemanja

三元美鈔

Three Dollar Bill

ABV 0%

★ ★ ★

從玫瑰香氣背後隱隱透出的桂皮風味

MOCKTAIL RECIPE

材　料

無酒精琴酒（NEMA 0.00%老湯姆琴酒風味款）……… 30ml
鳳梨汁 ……… 60ml
檸檬汁 ……… 20ml
紅石榴糖漿 ……… 10ml
乾燥蛋白粉 ……… 1/4tsp

裝飾物

玫瑰押花 ……… 1朵
玫瑰花碎 ……… 適量

作法

❶ 將所有材料加入果汁機打勻。
❷ 將❶倒入雪克杯，搖盪後倒入碟型香檳杯。
❸ 放上玫瑰，撒上玫瑰花碎。

［百萬元經典酒譜］
琴酒 45ml ／甜香艾酒 15ml ／鳳梨汁 15ml ／紅石榴糖漿 1tsp ／蛋白 1 顆
裝飾物：鳳梨片 1 片
① 將所有材料搖盪均勻，倒入雞尾酒杯。
② 鳳梨放上鳳梨片裝飾。

調酒師談這杯酒的創作概念

這杯酒改編自「百萬元（Million Dollar）」，一杯傳說誕生於橫濱的經典調酒。原版酒譜的基酒為味道偏甜的老湯姆琴酒（Old Tom Gin），有一說認為最早的版本並沒有香艾酒（Vermouth），後來是為了去除蛋白的腥味才加入。由於蛋白在無酒精液體中的發泡力很強，所以我改用乾燥蛋白粉，用量不必太多；鳳梨汁搖盪後產生的泡沫也會維持很長一段時間。NEMA老湯姆琴酒風味款的主要草本原料就是桂皮，所以這杯還喝得到一股桂皮香。

Cocktail Bar Nemanja

黎明檸檬水

Aube Lemonade

ABV 0%

★ ★ ★

杯中的優雅分層

MOCKTAIL RECIPE

材　料

無酒精琴酒（NEMA 0.00%艾碧斯風味款）	30ml
礦泉水	30ml
檸檬汁	30ml
簡易糖漿	15ml
伯爵蝶豆花茶※	45ml

裝飾物

苦蒿	1枝
八角	1顆
薰衣草	1枝

※[伯爵蝶豆花茶]
熱水 150ml ／乾燥蝶豆花 1g ／佛手柑皮 1/4 顆
① 以熱水沖泡乾燥蝶豆花，約浸泡 5 分鐘後過濾。
② 將佛手柑的皮油均勻噴灑在水面。
③ 以均質機攪拌約 2 分鐘，再用 ADVANTEC 定性濾紙過濾。

註：若無均質機，也可以將②裝進寶特瓶搖盪數分鐘。目的是透過震動將佛手柑的風味融入蝶豆花茶。

作法

❶ 將伯爵蝶豆花茶以外的所有材料加入裝好冰塊的紅酒杯，並輕拌混合。
❷ 讓伯爵蝶豆花茶漂浮在上層。
❸ 裝飾。

調酒師談這杯酒的創作概念

白色下層為檸檬水，紫色上層為伯爵蝶豆花茶。直接喝的時候能嘗到佛手柑與蝶豆花茶的苦味，拌勻後結合檸檬水的酸甜滋味則會更加易飲。我聽說很多店家會用NEMA 0.00%艾碧斯風味款來調製莫西多、費斯類調酒、檸檬氣泡飲（Squash），所以我也試著拿來結合檸檬水，發現確實很好喝，所以就納入酒單了。由於上下層混合後的顏色很像黎明前的天色，所以取作黎明檸檬水。

Cocktail Bar Nemanja

火焰芒果拉西

Oeld Mango Lassi

ABV 0%

★★☆

用芳香蒸餾水取代牛奶的拉西

MOCKTAIL RECIPE

材料

原味優格	75g
芒果	75g
接骨木花芳香蒸餾水※	45ml
礦泉水	60ml
蜂蜜	20ml
碎冰	40g

※[接骨木花芳香蒸餾水]
材料：乾燥接骨木花 8g ／水 500ml
① 以 80 度的溫度蒸餾材料。
② 以 ADVANTEC 定性濾紙過濾。

裝飾物

檸檬葉、百里香、接骨木花	皆適量

作法

❶ 將所有材料加入果汁機，打勻後倒入柯林杯。
❷ 附上吸管。

調酒師談這杯酒的創作概念

我用充滿南國風情、味道濃郁的芒果結合香氣甜美的接骨木花，做出一杯類似印度優格飲「拉西（Lassi）」的無酒精調酒。日本賣的拉西大多是用牛奶製作，但國外比較常用水，所以我決定設計一個含芳香蒸餾水的酒譜。我是用陶製蒸餾器製作芳香蒸餾水，但也可以使用銅製Alambic蒸餾器。據說接骨木以前是生火用的木柴，所以英文的字首有個eld（火焰）。

Cocktail Bar Nemanja

紅磚

Red Brick

ABV 0%

★★☆

擁有濃郁覆盆莓滋味的無酒精「橫濱」

MOCKTAIL RECIPE

材　料

無酒精琴酒（NEMA 0.00%基本款）	20ml
無酒精琴酒（NEMA 0.00%艾碧斯風味款）	10ml
覆盆莓（冷凍）	30g
柳橙汁	45ml
焦糖糖漿（MONIN）	10ml

［橫濱經典酒譜］

材料：琴酒 20ml ／伏特加 10ml ／柳橙汁 20ml ／紅石榴糖漿 10ml ／保樂茴香利口酒 1dash

① 將所有材料搖盪後倒入雞尾酒杯。

裝飾物

蔓越莓	3顆
薄荷	適量

作法

❶ 將所有材料加入果汁機打勻。

❷ 將❶倒入雪克杯，搖盪後倒入碟型香檳杯。

❸ 裝飾。

調酒師談這杯酒的創作概念

此處的紅磚意指橫濱知名觀光景點——紅磚倉庫。紅磚倉庫於1911年落成，而經典調酒「橫濱」也是在同一時期發明，所以我以紅磚為名，將橫濱改編成一杯無酒精調酒。據傳橫濱早期不是用紅石榴糖漿，而是用覆盆莓糖漿；此外，我想到現在橫濱很流行生牛奶糖，所以還加了一點焦糖糖漿。

Cocktail Bar Nemanja

慢行側車

Slow Sidecar

ABV 6.7%

★★☆

濃縮通寧水是風味關鍵

COCKTAIL RECIPE

材　料

干邑白蘭地（馬爹利藍帶干邑） 5ml
柑曼怡香橙香甜酒 5ml
檸檬汁 10ml
通寧水濃縮液※ 40ml

作法

❶ 所有材料攪拌後倒入雞尾酒杯。

※[通寧水濃縮液]
材料：通寧水（舒味思） 250ml
① 將通寧水倒入小鍋子，開大火加熱。
② 煮到劇烈冒泡、開始變濃稠且總量減少至原先的 1/4 後關火。
③ 冷卻後裝瓶，冷藏保存備用。

[側車經典酒譜]
材料： 白蘭地 30ml ／白柑橘利口酒 15ml ／檸檬汁 15ml
① 將所有材料搖盪後倒入雞尾酒杯。

調酒師談這杯酒的創作概念

這一杯是經典調酒「側車（Sidecar）」的低酒精版本。我創作時希望保留側車的甜、酸、苦以及香氣，最後想到可以用通寧水。由於材料酒精濃度很低，若採用搖盪法恐導致味道僵硬，所以我採用攪拌法調製，避免冷卻過頭。由於白蘭地的用量很少，不妨使用X.O.等級（熟陳10年以上）的白蘭地，香氣會更加醇厚。

Cocktail Bar Nemanja

布朗克斯 .Y.Z.

Bron X.Y.Zing

ABV 4.7%

★ ★ ☆

用喝的感受X.Y.Z.的變遷史

COCKTAIL RECIPE

材 料

無酒精琴酒（NEMA 0.00%基本款） 30ml
甜香艾酒（安提卡芙蜜拉） 30ml
白葡萄汁
（Alain Milliat Sauvignon Blanc） 30ml
葡萄醋 10ml
糖蜜 5ml

裝飾物

葡萄 1顆
山葡萄葉 .... 適量

作法

❶ 將所有材料加入攪拌杯，先將糖蜜攪拌至完全溶解。
❷ 再加入冰塊攪拌，最後倒入雞尾酒杯。
❸ 裝飾。

［基布朗克斯經典酒譜］
材料：琴酒 30ml ／不甜香艾酒 10ml ／甜香艾酒 10ml ／柳橙汁 10ml
① 將所有材料搖盪後倒入雞尾酒杯。

[X.Y.Z. 經典酒譜]
材料：白色蘭姆酒 30ml ／白柑橘利口酒 15ml ／檸檬汁 15ml
① 將所有材料搖盪後倒入雞尾酒杯。

調酒師談這杯酒的創作概念

據說以蘭姆酒為基底的經典調酒「X.Y.Z.」是演變自另一杯以琴酒為基底的經典調酒「布朗克斯（Bronx）」。調製這杯酒時，必須注意糖蜜（蘭姆酒的原料）是否確實溶解。布朗克斯的原酒譜含有以白葡萄酒為基底再製的不甜香艾酒，所以我這杯酒裡也加了葡萄汁、葡萄醋，並且以葡萄裝飾。我希望各位在享用低酒精版X.Y.Z時，也能從中感受到這杯經典調酒的演變史。

Cocktail Bar Nemanja

卡魯哇芝麻球

Kahlua Onde Onde

ABV 5.9%

★ ★ ★

芝麻球口味的卡魯哇牛奶!?

COCKTAIL RECIPE

材　料

卡魯哇咖啡利口酒……30ml
黑蜜……10ml
牛奶……60ml
蛋黃……1顆
（液液萃取法浸漬）
岩井濃口胡麻油伏特加※……1/2tsp

裝飾物

熟白芝麻……適量

作法

❶ 將所有材料加入果汁機。
❷ 將❶搖盪後加入裝好冰塊的木杯。
❸ 撒上熟白芝麻。

※[岩井濃口胡麻油伏特加]
材料：麻油 15ml ／伏特加（生命之水）15ml
① 將所有材料加進一個小瓶子，靜置一天。
② 待材料確實分離後，用滴管吸取澄澈部分的液體。

註：液液萃取法浸漬（liquid-liquid extraction infusion，L.L.I）是利用油不溶於水的性質，進行分離、濃縮的浸漬方法。靜置過後，油會沉在底部、生命之水會浮在上方，而這時油脂內易溶於酒精的風味成分會被生命之水萃取出來，而易溶於油的成分則會繼續留在油脂裡。

[卡魯哇牛奶經典酒譜]
材料：卡魯哇咖啡利口酒 45ml ／牛奶 適量
① 將卡魯哇加入裝好冰塊的古典杯，再輕輕加入牛奶，讓牛奶漂浮在上層。
② 附上攪拌棒。

調酒師談這杯酒的創作概念

這杯卡魯哇牛奶的改編版調酒，靈感來自中華街人氣點心「芝麻球」，基酒使用以液液萃取法浸漬麻油的伏特加。進行液液萃取法浸漬時請務必使用生命之水，因為一般的伏特加會沉在油的底下，無法萃取油脂中的香氣。另一個重點是，麻油請挑選香氣較厚重的類型。除了麻油，我也會經常於調製琴費斯、琴蕾時加入橄欖油L.L.I，或於調製側車、賽澤瑞克（Sazerac）時加入松露油。

Cocktail Bar **Nemanja**

Bartender

北條智之

北條智之是日本第一位參加花式調酒世界大賽的選手，更是囊括國內外無數比賽冠軍的日本花式調酒第一把交椅。他在連通橫濱車站的酒吧「Cocktail Bar Marceau」擔任酒吧經理 17 年後，2013 年 10 月自立門戶，開設「Cocktail Bar Nemanja」。那一年，他也入圍 BAR ACHIEVEMENT AWARDS 世界最佳調酒師評審獎項「Best Judge of The Year」。他除了一般調酒，也精通「調飲風味學（Mixology）」，經常受邀前往日本各地擔任調酒講座講師。他也擔任一般社團法人全日本花式調酒施協會（anfa）名譽會長、亞洲調酒師協會（ABA）顧問。

Bar info

Cocktail Bar **Nemanja** 神奈川県横浜市中区相生町 1-2-1　リバティー相生町ビル 6 F　TEL ： 045-664-7305

Mocktail
&
Low-ABV Cocktail
Recipes

CASE.04

Craftroom
Ryu Fujii

Craftroom

百香沙瓦
Passion Sour

ABV 0%

★ ☆ ☆

使用果泥的簡易酒譜

MOCKTAIL RECIPE

材　料

百香果果泥（Boiron）	30ml
檸檬汁	20ml
簡易糖漿	10ml
氣泡水	60ml

裝飾物

迷迭香	1枝

作法

❶ 將氣泡水以外的材料加入裝好冰塊的平底杯，攪拌均勻。

❷ 加入氣泡水並輕拌混合，放上迷迭香裝飾。

調酒師談這杯酒的創作概念

製作雪酪、慕斯、果凍時經常會用到果泥。有了方便的果泥，我們一年四季都能嘗到豐沛的水果風味。雖然正值產季的新鮮百香果也有一番魅力，但新鮮水果運用起來有其困難，因為每一顆的糖度、水分含量都不太一樣，必須視味道調整用量。我設計的這套酒譜比較單純，而且可以改變果泥與香草的組合衍生出豐富的變化，例如奇異果＆薄荷、香蕉＆迷迭香、芒果＆八角。

Craftroom

杏仁莫西多
Almond Mojito

ABV 0%

★★☆

用杏仁奶調製的健康版莫西多

MOCKTAIL RECIPE

材　料

牛奶 30ml
檸檬汁 20ml
簡易糖漿 10ml
薄荷 適量
氣泡水 45ml
杏仁精 1dash

裝飾物

薄荷 適量
肉桂棒 1根

作法

❶ 將氣泡水與杏仁精以外的材料加入平底杯搗出香氣。
❷ 加冰攪拌，加入氣泡水輕拌混合。
❸ 灑上杏仁精，裝飾。

［莫西多經典酒譜］
材料：蘭姆酒 45ml／萊姆 1/2 顆／薄荷 10～15 片／砂糖 2tsp／氣泡水 適量
裝飾物：薄荷 適量
① 將萊姆汁擠入平底杯，並將萊姆投入杯中。
② 加入薄荷、砂糖、氣泡水，搗碎薄荷並讓砂糖溶解。
③ 杯中填滿碎冰，加入蘭姆酒後攪拌均勻。
④ 放上薄荷裝飾，插入吸管。

調酒師談這杯酒的創作概念

這杯無酒精莫西多既有杏仁香又有薄荷香，也效仿古巴道地的風格。當初我在調製莫西多時突發奇想，加入另一杯蘭姆酒基底調酒「邁泰（Mai-Tai）」材料中的自製杏仁糖漿，結果發現挺好喝的，便開始思考能不能用其他材料來調一杯杏仁口味的莫西多。杏仁奶的熱量比牛奶和豆漿低，又富含抗氧化的維他命E，非常推薦給注重飲食健康的朋友。杏仁奶本身的香氣並不明顯，所以我還用了杏仁精加強香氣。

Craftroom

大黃通寧
Rhubarb Tonic

ABV 0%

★★☆

使用滋味天然的自製果汁

MOCKTAIL RECIPE

材料

大黃汁※ …… 60ml
通寧水 …… 60ml
萊姆汁 …… 1tsp

※[大黃汁]
材料：冷凍大黃 500g ／水 1000ml ／細白砂糖 100g ／檸檬酸 1g
① 將檸檬酸以外的材料加入鍋中，開火加熱（不要攪拌）。
② 沸騰後轉小火，繼續煮 15 分鐘。
③ 使用濾布過濾後再加檸檬酸。
④ 冷卻後即可冷藏保存。

裝飾物

萊姆片 …… 1片

作法

❶ 將材料加入裝好冰塊的紅酒杯，攪拌。
❷ 放入萊姆片裝飾。

調酒師談這杯酒的創作概念

這杯的設計比較簡單，我將香氣與酸味都很有特色的大黃做成果汁，再加通寧水就完成了。大黃含有豐富的果膠，所以煮的時候要特別注意，過度攪拌恐讓質地變得太濃稠。我將濃稠度控制在喝下去感覺還會殘留一點在舌頭上的程度，並用檸檬酸平衡酸甜，延長保存期限。大黃強烈的酸味經過加熱會溫和許多。

Craftroom

葡萄柚與香草
Grapefruit & Herb

ABV 0%

★ ☆ ☆

香草風味融入新鮮果汁

MOCKTAIL RECIPE

材料

葡萄柚汁	60ml
接骨木花糖漿	10ml
檸檬汁	10ml
季節香草	1枝
氣泡水	30ml

裝飾物

季節香草	適量

作法

❶ 將氣泡水以外的材料加入平底杯，搗出香氣。

❷ 加入冰塊，攪拌。

❸ 加入氣泡水，輕拌混合。最後放上季節香草裝飾。

調酒師談這杯酒的創作概念

這杯無酒精調酒的概念是將當季產的香草（本次使用迷迭香）和果汁、風味糖漿一起加進杯中搗出香氣與滋味。通常水果和香草的搭配都不錯，例如鳳梨汁搭羅勒，但某些組合混在一起顏色可能會很奇怪，比方說蔓越莓加羅勒是紅色加綠色，混合後就會黑成一團。雖然也可以選擇不透明的杯子來彌補這個問題，不過液色本身的美觀還是很重要。

Craftroom

芳香粉紫

Aromatic Purple

ABV 5.4%

★★☆

享受淡麗的粉紫酒色與香氣。

COCKTAIL RECIPE

材 料

大黃汁※1	45ml
薰衣草風味水※2	30ml
簡易糖漿	5ml
香檳	45ml

作法

❶ 紅酒杯裝好冰塊，加入香檳以外的材料，攪拌。

❷ 加入香檳，輕拌混合。

※1［大黃汁］
材料：冷凍大黃 500g／水 1000ml／細白砂糖 100g／檸檬酸 1g

① 將檸檬酸以外的材料加入鍋中，開火加熱（不要攪拌）。
② 沸騰後轉小火，繼續煮 15 分鐘。
③ 使用濾布過濾後再加檸檬酸。
④ 冷卻後即可冷藏保存。

※2［薰衣草風味水］
材料：乾燥薰衣草 2tsp／水 100ml

① 將所有材料加入鍋中，開火煮約 2～3 分鐘後過濾。
② 冷卻後即可冷藏保存。

調酒師談這杯酒的創作概念

同屬紫色系的大黃與薰衣草合而為一，形成一杯顏色與香氣都令人愉悅的雞尾酒。大黃經過烹煮後酸味會更柔和、整體味道更醇厚，能無縫接軌薰衣草甜美的花香調風味。之所以用薰衣草風味水而非糖漿，是因為這樣比較方便調整甜度，而且這項材料準備起來並不困難，可以要用時再製作。如果沒有香檳，也可以用義大利產的傳統氣泡酒法蘭契柯達（Franciacorta）或薄賽珂（Prosecco）。

Craftroom

啤酒花＆蘋果

Hop & Apple

ABV 5.5%

★★☆

京都與謝野啤酒花風味的調酒

COCKTAIL RECIPE

材 料

美國威士忌（巴特波本威士忌）	15ml
啤酒花蘋果汁※	45ml
檸檬汁	5ml
簡易糖漿	1tsp
氣泡水	45ml

※[啤酒花蘋果汁]
材料：冷凍啤酒花（cascade 或 centennial 等香氣強烈的品種）30g／蘋果汁 1000ml
① 將所有材料加入鍋中，以不會煮沸的溫度（約 80° C）慢煮 20 分鐘。
② 冷卻後即可冷藏保存。

裝飾物

蘋果乾（稍微炙燒）	1片

作法

❶ 將氣泡水以外的所有材料加入裝好冰塊的平底杯，攪拌。
❷ 加入氣泡水，輕拌混合，再放上蘋果乾裝飾。

調酒師談這杯酒的創作概念

某天我靈光一閃，想試著用京都與謝野町栽種的「與謝野啤酒花」做一杯調酒，後來便創作了這一杯。我選擇蘋果汁作為搭配的材料，因為蘋果汁的風味和啤酒花很合，基酒也選擇風味和蘋果很合拍的美國威士忌。現在的酒譜是使用巴特波本威士忌（Bulleit Bourbon Whisky），但之前我也試過帕蒂（Platte Valley）、酩帝（Michter's）、野火雞（Wild Turkey）等波本威士忌。其實玉米威士忌、裸麥威士忌、波本威士忌都很合適，各位不妨選用自己喜歡的威士忌。

Craftroom

覆盆莓咖啡杯

Raspberry Espresso Cup

ABV 0%

★ ★ ☆

風味令人聯想到高級咖啡豆

MOCKTAIL RECIPE

材　料

覆盆莓果泥……30ml
簡易糖漿……10ml
義式濃縮咖啡……1shot（30～45ml）

裝飾物

羅勒……1片

作法

❶ 將所有材料搖盪後，倒入裝好冰塊的茱莉普杯。
❷ 放上羅勒裝飾。

調酒師談這杯酒的創作概念

覆盆莓結合濃縮咖啡能夠表現出高級咖啡豆的成熟漿果風味。嚴格來說，這份酒譜用的咖啡是沖煮水量比義式濃縮（Espresso）再少一點的芮斯崔朵（Ristretto），因此風味更加濃郁。若沒有覆盆莓果泥，也可以用10顆冷凍覆盆莓代替。若使用冷凍覆盆莓，搖盪前記得確實搗碎。

Craftroom

純白椰奶

White Coco

ABV 0%

★☆☆

風味關鍵在於濃郁的椰漿

MOCKTAIL RECIPE

材　料

椰漿 …… 1tbsp
鳳梨汁 …… 90ml
杏仁糖漿（MONIN） …… 10ml
萊姆汁 …… 10ml
冷凍鳳梨塊 …… 3塊

裝飾物

鳳梨 …… 2片
薄荷 …… 1截

作法

❶ 將所有材料加入果汁機打勻。
❷ 過濾倒入裝好冰塊的Tiki杯，裝飾。

［鳳梨可樂達經典酒譜］
材料：蘭姆酒 30ml ／鳳梨汁 80ml ／椰奶 30ml
裝飾物：鳳梨、糖漬櫻桃 皆適量
① 將所有材料搖盪均勻，倒入裝滿碎冰的大玻璃杯。
② 放上鳳梨、糖漬櫻桃裝飾，並插上吸管。

調酒師談這杯酒的創作概念

「鳳梨可樂達（Piña colada）」是一杯用蘭姆酒、鳳梨、椰奶搖盪製作的經典調酒，據說原版酒譜用的椰漿「Coco Lopez」又甜又濃，所以我在設計這杯酒時也加入質地較濃的椰漿，創造口感的飽滿度。鳳梨汁搖盪之後會起泡，加入冷凍鳳梨則能使泡沫的質地像咖啡馬丁尼（Espresso Martini）一樣紮實。

Craftroom

東洋農莊

Oriental Farm

ABV 7.6%

★★★

解構茉莉花茶的甜點再重新組成

COCKTAIL RECIPE

材　料

白色蘭姆酒（百家得白）…… 20ml
葡萄柚汁 …… 45ml
茉莉花茶（偏濃）…… 30ml
萊姆汁 …… 10ml
簡易糖漿 …… 1tsp
芹菜苦精 …… 1dash

裝飾物

檸檬香蜂草 …… 1枝

作法

❶ 將所有材料搖盪後，倒入裝好冰塊的紅酒杯。
❷ 放入檸檬香蜂草裝飾。

調酒師談這杯酒的創作概念

我有次吃到一款茉莉花茶口味的甜點，上面還擠了芹菜的慕斯，當時我便想拆解這道甜點的風味並重新建構成一杯調酒。茉莉花茶的風味能營造東洋風情，所以我刻意煮得比較濃，確保風味夠明顯。除了茉莉花茶，也可以用洋甘菊茶、紅茶、煎茶調出不同風格。不過用煎茶調製這杯酒的難度很高，因為泡煎茶的水溫必須嚴加控管，否則容易萃出苦澀味。

Craftroom

淡紅酒之杯
Claret Cup

ABV 6.9%

★ ★ ★

帶著辛香料風味的紅酒基底調酒

COCKTAIL RECIPE

材 料

香料紅酒※ …… 60ml
檸檬汁 …… 10ml
薑汁汽水 …… 60ml

裝飾物

橙片 …… 1片
肉桂棒（炙燒） …… 1枝
八角 …… 1顆
薄荷 …… 1截

註：可依個人喜好自由選擇浸泡在紅酒裡的辛香料種類。

※[香料紅酒]
材料：紅酒 200ml ／丁香 10 粒／肉桂棒 1 枝／小荳蔻 1 顆／八角 1/2 顆／柳橙片 1/2 顆／簡易糖漿 10ml
① 將所有材料裝進一個密閉容器，冷藏浸泡 1 週後過濾即可。

作法

❶ 將所有材料與冰塊加入茱莉普杯後攪拌。
❷ 裝飾。

調酒師談這杯酒的創作概念

這是經典調酒「紅酒之杯（Claret cup）」的低酒精版本。哈利強森（Harry Johnson）1882年出版的著作《Bartenders' Manual》收錄了這杯調酒的酒譜與插圖，而我使用的香料紅酒就是參照書中資訊浸漬而成。淡紅酒（Claret）一般是指法國波爾多的紅葡萄酒，不過各位可以摸索自己喜歡什麼風格的紅酒，看自己是喜歡像希哈（Syrah）、卡本內蘇維儂（Cabernet Sauvignon）等單寧厚實的葡萄酒，還是像梅洛（Merlot）之類風味平衡的葡萄酒。

Craftroom

Bartender

藤井 隆

藤井隆於 20 歲踏入調酒界，待過神戶、姬路的酒吧，2006 年進入大阪北新地的酒吧「Bar,K」。他於 2011 年赴新加坡取得 IBA 國際菁英吧檯調酒師認證（Elite Bartenders Course），後積極參與調酒比賽，並於 2016 年帝亞吉歐舉辦之調酒賽事「World Class 2016」世界決賽中奪下銀牌。2020 年，他於大阪梅田開了自己的酒吧「Craftroom」。他經常擔任國內外比賽的評審、講座講師、雞尾酒活動企劃，也常受邀至其他酒吧客座。

Bar info

Craftroom 大阪府大阪市北区梅田 1-3-1 大阪駅前第一ビル B2-70 TEL ： 06-6341-8601

Mocktail
&
Low-ABV Cocktail
Recipes

CASE.05

CRAFT CLUB
Yoshifumi Tsuboi

CRAFT CLUB

香草琴潘趣

Herbal Gin Punch

ABV 0%

★ ☆ ☆

設計在酒吧喝的雙人份無酒精潘趣酒

MOCKTAIL RECIPE

材 料

杜松子醋（OaksHeart）…… 30ml
接骨木花糖漿（youki）…… 15ml
檸檬汁 …… 5ml
通寧水（芬味樹）…… 150ml

裝飾物

迷迭香 …… 4枝
食用花 …… 4～5枝

作法

❶ 將材料倒入玻璃醒酒瓶，輕拌混合。
❷ 將❶放到裝滿碎冰的容器上，裝飾。

調酒師談這杯酒的創作概念

三五好友的聚會或派對上很適合準備潘趣酒（Punch）炒熱氣氛。潘趣酒一般是裝在大碗裡供大家分著喝，不過這份作品是設計在酒吧裡面供應的，分量為2人份。我在玻璃瓶外放了一些新鮮香草裝飾，瓶內則用風味糖漿調整色調與滋味，做成一杯具有透明感的無酒精潘趣，搭配兩個小小的豬口杯，希望客人像喝冰涼的清酒一樣慢慢享用。

CRAFT CLUB

大葉琴費斯
Shiso Gin Fizz

ABV 0%

★★☆

充斥紫蘇清爽香氣的琴費斯

MOCKTAIL RECIPE

材 料

杜松子醋（OaksHeart）……45ml
檸檬汁……15ml
簡易糖漿……8ml
紫蘇葉……2片
氣泡水……適量

［琴費斯經典酒譜］
材料：琴酒 45ml ／檸檬汁 20ml ／砂糖 2tsp ／氣泡水 適量
① 將氣泡水以外的材料搖盪均勻後倒入平底杯。
② 加入氣泡水，輕拌混合。

裝飾物

紫蘇葉……1片

作法

❶ 將氣泡水以外的材料放入研磨缽磨碎。
❷ 將❶倒入雪克杯，搖盪後雙重過濾倒入裝好冰塊的平底杯。
❸ 加入氣泡水，輕拌混合。
❹ 放入紫蘇葉裝飾。

調酒師談這杯酒的創作概念

我在韓國首爾監製的酒吧「Polestar」有一杯賣很好的招牌調酒叫「紫蘇琴通寧」，而這杯無酒精琴費斯就是以那杯為基礎改編的作品。由於通寧水本身味道較甜，所以我改用氣泡水，做成風味較清爽的費斯類調酒。大葉（紫蘇）無論是直接加入雪克杯搖盪還是用搗棒搗碎，都無法充分釋放風味，所以我將紫蘇葉和其他材料一起放進研磨缽磨碎，這樣才能迅速萃取紫蘇的風味。若不喜歡紫蘇，也可以改用羅勒。

CRAFT CLUB

抹茶古典雞尾酒

Matcha Old Fashioned

ABV 0%

★★☆

用陶杯營造喝茶般的體驗

MOCKTAIL RECIPE

材　料

無酒精琴酒（NEMA 0.00%威士忌風味款）……45ml
薑糖漿（youki）……10ml
檸檬汁……5ml
蜂蜜……8g
抹茶……2.5g

裝飾物

南天竹葉……1片
金箔……適量

作法

❶ 用均質機將所有材料打勻。
❷ 將❶倒入雪克杯，搖盪後雙重過濾倒入陶杯。
❸ 裝飾。

［古典雞尾酒經典酒譜］
材料：裸麥或波本威士忌 45ml／安格仕苦精 2dashes／方糖 1 顆
裝飾物：柳橙片／檸檬片／糖漬櫻桃皆適量
① 將方糖放入古典杯中，淋上苦精。
② 加冰塊，倒入威士忌。
③ 裝飾，並附上攪拌棒。

調酒師談這杯酒的創作概念

我經常有機會服務外國客人，所以用容易表現日本特色的抹茶結合威士忌做了一杯「抹茶古典雞尾酒」，並當作我店裡（京都「Craft俱樂部」）的特調。原版的基酒是日本威士忌「知多」，無酒精版本則是以NEMA代替。由於蜂蜜較難溶解，所以務必在步驟❶確實攪拌均勻。

CRAFT CLUB

醋香氣泡雞尾酒

Vinegar Spritzer

ABV 3.5%

★ ☆ ☆

簡單卻變化無窮的酒譜

COCKTAIL RECIPE

材 料

白酒 ……… 30ml
白酒醋 ……… 10ml
氣泡水 ……… 45ml
通寧水 ……… 45ml

[氣泡白酒經典酒譜]
材料： 白酒 60ml ／氣泡水 適量
① 將白酒倒入高腳杯，再加入氣泡水後輕拌混合。

裝飾物

檸檬皮 ……… 1片

作法

❶ 將所有材料倒入杯中，輕拌混合。
❷ 噴附檸檬皮油，並將檸檬皮投入杯中。

調酒師談這杯酒的創作概念

「氣泡白酒（Spritzer）」是用氣泡水兌白酒的清爽調酒，作法簡單，也因此變化多端。除了白酒醋，不妨再加點水果、香草植物調出自己喜歡的風味。如果改用紅酒，建議白酒醋也換成巴薩米克醋。葡萄酒很適合用來調製低酒精調酒，如經典調酒「Operator」就是以薑汁汽水兌白酒（紅酒版則稱「Kitty Highball」）。

CRAFT CLUB

綠色蚱蜢

Grasshopper

ABV 0%

★★☆

起司與巧克力交織的複雜風味

MOCKTAIL RECIPE

材 料

綠薄荷糖漿（MONIN）……15ml
鮮奶油（動物性）……10ml
馬斯卡彭起司……10g
白巧克力醬（MONIN）……10g
牛奶……45ml

［綠色蚱蜢經典酒譜］
材料：白可可利口酒 20ml／綠薄荷利口酒 20ml／鮮奶油 20ml
① 將所有材料充分搖盪後倒入雞尾酒杯。

裝飾物

黑巧克力、薄荷……皆適量

作法

❶ 用均質機將所有材料打勻。
❷ 將❶倒入雪克杯，搖盪後雙重過濾倒入雞尾酒杯。
❸ 巧克力削一點巧克力，放上薄荷裝飾。

調酒師談這杯酒的創作概念

製作短飲型的無酒精雞尾酒時，若只顧彌補酒精缺失後的口感，很容易做出一杯各種風味擠在一起的飲品；綠色蚱蜢也很容易落入此下場，所以我除了用鮮奶油、起司、白巧克力醬建構飽滿感和複雜度，還加入牛奶稍微拉開風味，避免喝起來感覺太擁擠。原則上，日本的短飲雞尾酒材料總量都是60ml，不過我認為調製無酒精雞尾酒時可以增加材料總量，讓客人喝得更滿足一點。

CRAFT CLUB

地中海血腥瑪麗

Mediterranean Bloody Mary

ABV 0%

★★★

充滿香草氣息又辛辣的血腥瑪莉

MOCKTAIL RECIPE

材料

番茄汁	60ml
水果番茄	1～2顆
甜椒（紅）	1/8顆
橄欖	1顆
綜合義大利香料	少許
辣椒苦精※	3dashes

裝飾物

小番茄	2顆
橄欖	1顆
迷迭香	1枝

作法

❶ 用均質機將所有材料打勻。

❷ 將❶倒入雪克杯，搖盪後倒入Rock杯。

❸ 裝飾。

※[辣椒苦精]

材料：伏特加（坎特一號）50ml／辣椒5根

① 伏特加將辣椒浸泡於伏特加1天後過濾。

[血腥山姆經典酒譜]

材料：琴酒45ml／番茄汁適量／檸檬汁1tsp（或是檸檬角）

① 將所有材料加入裝好冰塊的平底杯，攪拌均勻。

② 依個人喜好加入鹽巴、胡椒、芹鹽、芹菜棒、塔巴斯科辣椒醬、伍斯特醬等調味料。

※ 以伏特加取代琴酒即成血腥瑪麗。

調酒師談這杯酒的創作概念

我有一杯作品叫「地中海血腥山姆」，基酒用的是原料包含地中海橄欖、羅勒、百里香、迷迭香，外號「神之琴酒」的「瑪芮琴酒（GIN MARE）」，而這杯則是那杯酒的無酒精版本。由於材料中有很多固形物，所以我除了新鮮番茄還額外加了番茄汁。點綴用的辣椒苦精我下了3dashes，以免被香草強烈的香氣蓋過去。

CRAFT CLUB

堅果咖啡馬丁尼

Nut Espresso Martini

ABV 2.4%

★★☆

靈感來自義大利道地濃縮咖啡喝法

COCKTAIL RECIPE

材　料

雪莉酒（Valdespino El Candado Pedro Ximénez）…… 10ml
義式濃縮咖啡 …… 30ml
無花果醬 …… 20g
黑蜜 …… 10ml

裝飾物

堅果、巧克力、粉紅胡椒 …… 皆適量

作法

❶ 用均質機將所有材料打勻。
❷ 將❶搖盪均勻後，雙重過濾倒入雞尾酒杯。
❸ 裝飾。

調酒師談這杯酒的創作概念

這杯酒原本是我在「CRAFT俱樂部」開幕時構思的特調，這裡我調整成低酒精的版本。我抽掉原版酒譜裡面的伏特加、榛果利口酒、咖啡利口酒，改用甜雪莉酒、黑蜜等風味比較厚重的材料彌補口感。義式濃縮咖啡味道很苦，義大利人會在裡面加入大量砂糖飲用，而這杯酒的靈感就來自這種在地人的喝法。喝的時候還可以享受到裝飾物的口感。

CRAFT CLUB

香醋貝里尼
Vinegar Bellini

ABV 0%

★☆☆

一年四季都能用水果罐頭輕易調製

MOCKTAIL RECIPE

材　料

水蜜桃（罐頭）	60g
白酒醋	10～15ml
紅石榴糖漿	4ml
水蜜桃糖漿（MONIN）	4ml
氣泡水	適量
通寧水	適量

作法

❶ 用均質機將氣泡水與通寧水兩者以外的原料打勻，倒入紅酒杯。

❷ 加入氣泡水與通寧水，輕拌混合。

註：在步驟❶中加入少量的氣泡水與通寧水會比較容易攪拌。

[貝里尼經典酒譜]

材料：氣泡酒 40ml ／水蜜桃果汁 20ml ／紅石榴糖漿 1dash

① 將水蜜桃果汁與紅石榴糖漿加入香檳杯攪拌。

②加入氣泡酒，輕拌混合。

調酒師談這杯酒的創作概念

雖然日本的水蜜桃產季大約是6月到9月，不過我們可以用一年四季都買得到的水蜜桃罐頭來調製這杯無酒精版本的貝里尼。白酒醋的酸味和果香再搭配氣泡水與通寧水，即可取代原酒譜裡的氣泡酒。我氣泡水與通寧水用量是各半，不過各位可以依喜好調整比例。加入水蜜桃糖漿可以更強調水蜜桃的風味。改用西洋梨罐頭和西洋梨糖漿調製也很好喝。

CRAFT CLUB

抹茶蛋酒
Matcha Eggnog

ABV 3.4%

★★☆

冷飲熱飲都美味

COCKTAIL RECIPE

材　料

蛋酒（WarninksAdvocaat）	30ml
黑蜜	10ml
抹茶（MONIN）	5～10ml
抹茶	2.5g
牛奶	100ml

裝飾物

白巧克力	適量
金箔	適量
南天竹葉	1片

作法

❶ 將所有材料搖盪均勻，雙重過濾倒入大型雞尾酒杯或紅酒杯。

❷ 削上白巧克力，放上金箔與南天竹葉裝飾。

調酒師談這杯酒的創作概念

「蛋酒（Eggnog）」是以烈酒或葡萄酒為基底，結合蛋、牛奶、砂糖製作的調酒類型，這裡我改編成低酒精版的和風口味。我平常在店裡提供時還會加入10ml的抹茶利口酒，不過這裡我改成抹茶糖漿，以免酒精濃度太高。若要調成熱飲，需減少黑蜜與抹茶糖漿的用量，以免口味太甜膩。熱飲的作法是先用奶泡機將牛奶以外的材料混合均勻，再加入熱牛奶。

CRAFT CLUB

草莓拉一把

Strawberry Pull up

ABV 4.2%

★★★

一杯用喝的草莓提拉米蘇

COCKTAIL RECIPE

材　料

深色蘭姆酒（百家得8年）…… 10ml
牛奶…… 30ml
鮮奶油…… 20ml
馬斯卡彭起司…… 20g
草莓果泥…… 15g

裝飾物

草莓粉…… 適量

作法

❶ 杯子外面撒滿草莓粉裝飾。
❷ 用均質機將所有材料與碎冰打勻後倒入❶。
❸ 撒上些許草莓粉。

調酒師談這杯酒的創作概念

我嘗試將義大利經典甜品「提拉米蘇」做成調酒的形式，而且是一杯稍微有點流動性的霜凍類調酒，所以只加了兩個量酒器滿杯的碎冰；成品沒有液體那麼滑順、也沒有剉冰那麼硬梆梆的，而是介於兩者之間的濃稠質地。喝的時候可以感覺到整杯酒在嘴裡飄香。提拉米蘇在義大利文的意思是「拉我一把」，也可解釋為「加油打氣」，所以我用英文「Pull up」替這杯酒命名。

CRAFT 俱樂部

Bartender

坪井吉文

1997 年，坪井吉文年僅 20 歲便於千葉本八幡開了自己的店「BAR ROBROY」。隔年開始陸陸續續於大小調酒比賽中得獎，並受邀至日本各地、亞洲各國舉辦講座。他也從事店家創業顧問，至今已參與超過 80 間餐飲店的開店計畫，其中 5 間由他親自經營。他既是一名調酒師，也擁有雪茄顧問、咖啡師的證照，對花式調酒也頗有造詣。2013 年，他創辦了日本調酒師學校（Japan Bartender School）、日本咖啡學校（Japan Café School），並擔任校長。

Bar info

CRAFT 俱樂部 東京都千代田区内神田 2-14-9 TEL：03-6206-0717

Mocktail
&
Low-ABV Cocktail
Recipes

CASE.06

LE CLUB
Hidenori Murata

LE CLUB

無酒精郝思嘉

Mockarlett O'Hara

ABV 0%

★ ★ ☆

用奧樂蜜C重現美麗的經典調酒

MOCKTAIL RECIPE

材　料

奧樂蜜C濃縮液※ ………… 30ml
蔓越莓汁 ………… 30ml
簡易糖漿 ………… 1～2tsp
萊姆汁 ………… 1tsp

作法

❶ 將所有材料攪拌後倒入雞尾酒杯。

※[奧樂蜜 C 濃縮液]
① 將奧樂蜜 C 倒入小鍋子，以中小火加熱。
② 分量減少至原先的一半即可關火冷卻。
③ 裝入容器冷藏保存。

[郝思嘉經典酒譜]
材料：南方安逸香甜酒 30ml／蔓越莓汁 20ml／萊姆汁（或檸檬汁）10ml
① 將所有材料搖盪後倒入雞尾酒杯。

調酒師談這杯酒的創作概念

我曾聽人說「薑汁汽水兌南方安逸香甜酒的味道很像奧樂蜜C」，所以想到或許可以設計一杯無酒精版本的「郝思嘉（Scarlett O'Hara）」。南方安逸這支利口酒很有趣，搭配不同的材料會呈現出截然不同的風味。昭和40年代就有一則電視廣告推薦用奧樂蜜C兌琴酒和威士忌的喝法，所以我認為奧樂蜜C也可以當作一種調酒材料使用。

LE CLUB

雪國零

YUKIGUNI「ZERO」

ABV 0%

★ ☆ ☆

竟然能用寶礦力水得重現傳奇經典調酒!?

MOCKTAIL RECIPE

材 料

寶礦力水得……45ml
萊姆糖漿……15ml
柑橘苦精……3dashes

裝飾物

細白砂糖……適量
薄荷櫻桃……1顆

作法

❶ 杯口沾上一圈細白砂糖。
❷ 將所有材料攪拌後倒入❶。
❸ 放入薄荷櫻桃裝飾。

［雪國經典酒譜］
※ 井山計一先生創作的酒譜
材料：伏特加 45ml ／白柑橘利口酒 8ml ／萊姆糖漿 1tsp
裝飾物：上白糖 適量／綠櫻桃 1 顆
① 將上白糖加入果汁機打細，用來製作糖口杯。杯中放入一顆綠櫻桃。
② 將所有材料搖盪後倒入①。

調酒師談這杯酒的創作概念

「雪國」是誕生於日本的傳奇調酒，我希望無酒精調酒也喝得到這杯酒的風味，於是設計了這套酒譜。我常聽客人喝俄羅斯三角琴（Balalaika）、XYZ、君度費斯（Cointreau Fizz）等含有君度橙酒的調酒時說「喝起來好像寶礦力水得」，這個回饋也給了我靈感。其實寶礦力水得加萊姆的風味已經很融洽，不過我還是加了一點柑橘苦精，呈現喝酒時那股殘留在嘴裡的韻味跟苦味。

LE CLUB

窮人的雞肉丸蛋蜜酒

Poorman's Tsukune Flip

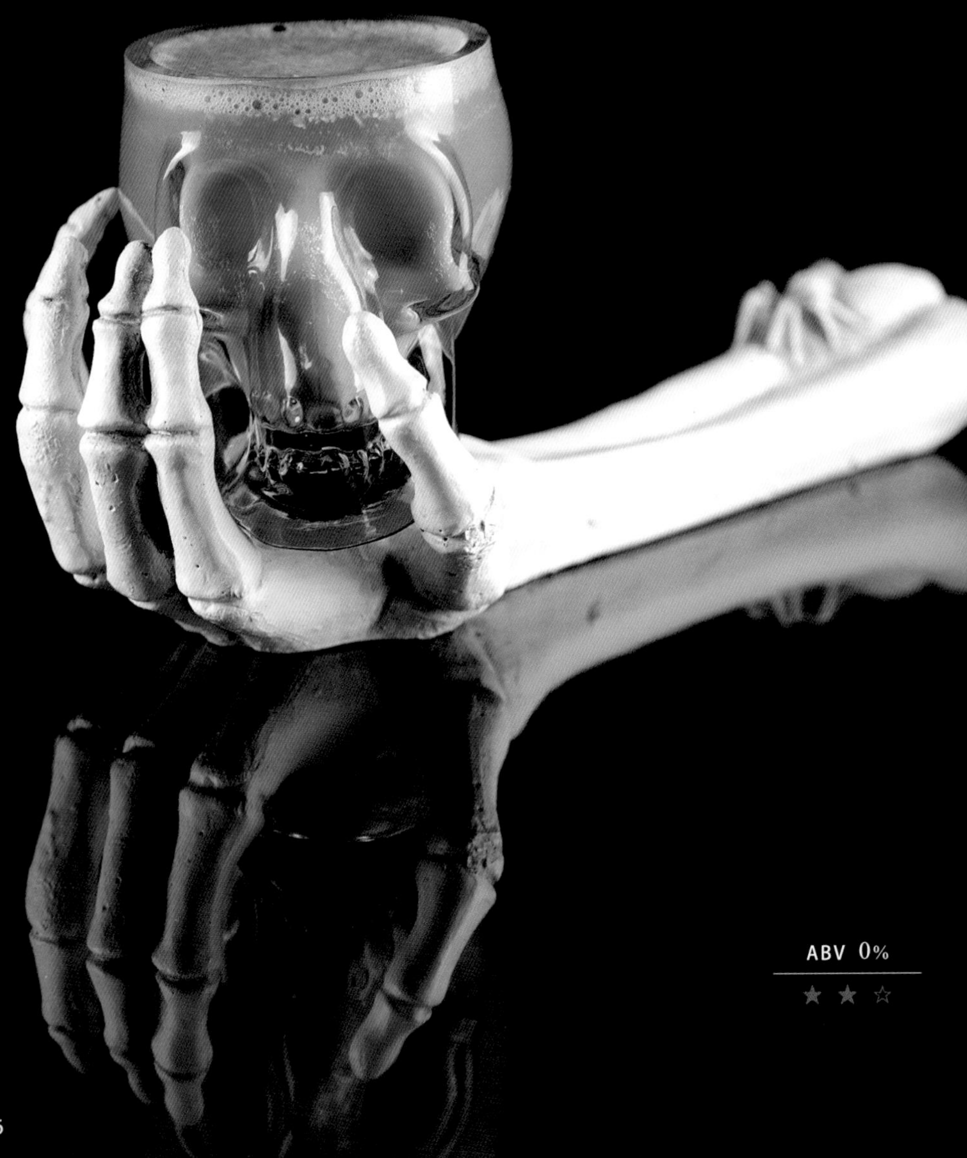

ABV 0%

★★☆

嘴中充滿番茶與醬油的香氣

MOCKTAIL RECIPE

材 料

泡得比較濃的京番茶 ……… 45ml
醬油糖漿※ ……… 15ml
蛋黃 ……… 1顆
紫蘇（輕輕撕碎） ……… 3片

裝飾物

松子 ……… 適量

※[醬油糖漿]
材料：稍微加熱濃縮的淡醬油 100ml／上白糖 150g／檸檬酸 微量
① 將醬油與上白糖倒入容器，攪拌至上白糖溶解。
② 加入檸檬酸後再次攪拌均勻。

註：加熱濃縮淡醬油（薄口醬油）時，請在醬油飄出類似雞肉丸醬汁香氣的階段關火。

作法

❶ 將所有材料加入波士頓雪克杯，搖盪後倒入杯中。
❷ 削上松子。

調酒師談這杯酒的創作概念

我經常將料理的概念化為一杯調酒，像這次就是用蛋蜜酒（※）的形式來表現醬油雞肉丸子的感覺。我結合泡得比較濃的京番茶和醬油糖漿，呈現烤雞肉丸子那種焦香與煙燻味，再搭配蛋黃、紫蘇、松子等令人聯想到雞肉丸的材料。但因為整杯酒只聞其香、不含雞肉，所以命名為「窮人的雞肉丸蛋蜜酒」。

※ 蛋蜜酒（Flip）…葡萄酒或烈酒中加入蛋、砂糖，搖盪後倒入雞尾酒杯再削上肉豆蔻的一種調酒類型。

LE CLUB

無酒精
拿坡里波丹

Napolitana Nonalcoholic Cosmopolitan

ABV 0%

★ ☆ ☆

融合各種炒蔬菜的無酒精調酒

MOCKTAIL RECIPE

材　料

洋蔥	1/6顆
青椒	1/4顆
番茄醬	3tbsp
蔓越莓汁	150ml

［柯夢波丹經典酒譜］
材料：伏特加 30ml ／君度橙酒 10ml ／蔓越莓汁 10ml ／萊姆汁 10ml
① 將所有材料搖盪後倒入雞尾酒杯。

作法

❶ 洋蔥、青椒切塊後和番茄醬一起放入平底鍋乾炒（不要放油）。
❷ 炒出類似拿坡里義大利麵的香氣後關火，加入蔓越莓汁。
❸ 靜置10分鐘待所有味道充分混合，再用濾網過濾。
❹ 將❸攪拌均勻後倒入酒杯。

調酒師談這杯酒的創作概念

這杯無酒精調酒融合了拿坡里義大利麵與經典調酒「柯夢波丹（Cosmopolitan）」的概念。如果在步驟❶加入香腸或培根等含油脂的食材，會需要多一道油洗的工序，但只要將3種材料確實炒出類似拿坡里義大利麵的香氣就不需要添加油脂。各位觀察酒譜或許會發現，這杯酒的名稱並非來自伏特加混合蔓越莓汁的簡派調酒「鱈魚角（Cape Cod）」，而是以柯夢波丹來命名，因為這樣唸起來比較有韻律感。

LE CLUB

盤尼西林心情

Just Like Penicillin

ABV 5.8%

★ ★ ☆

以濃縮Hoppy為基底的盤尼西林

COCKTAIL RECIPE

材　料

Hoppy濃縮液※1 ………… 40ml
薑味蜂蜜糖漿※2 ………… 12ml
檸檬汁 ………… 12ml
拉弗格10年 ………… 10ml

作法

❶ 將拉弗格以外的材料加入雪克杯，攪拌均勻。
❷ 加入冰塊輕柔搖盪，倒入Rock杯。
❸ 讓拉弗格漂浮在上層。

※1[Hoppy 濃縮液]
① 將 Hoppy※（白）倒入小鍋子，以中小火加熱。
② 煮至分量剩下一半即可關火冷卻。
③ 裝入容器，冷藏保存。

※ Hoppy 是日本一種風味類似啤酒的「麥芽發酵氣泡飲」，含有 0.8%的酒精。

※2 [薑味蜂蜜糖漿]
材料：蜂蜜 50g ／簡易糖漿 50g ／薑粉 1.5g
① 將所有材料混合均勻後裝入容器保存。

[盤尼西林經典酒譜]
材料：調和式威士忌 50ml ／檸檬汁 20ml ／薑味蜂蜜糖漿 20ml ／拉弗格 10 年 10ml
① 將拉弗格以外的材料搖盪後倒入裝好冰塊的 Rock 杯。
② 讓拉弗格漂浮在上層。

調酒師談這杯酒的創作概念

「盤尼西林（Penicillin）」雖然近年才問世，卻已迅速躋身經典調酒之列，而這杯酒就是盤尼西林的低酒精版本。原版酒譜的威士忌下得很重，所以換成無酒精材料時，搖盪力道要輕一點。若比照平常的力道搖盪，成品很容易變得稀淡，風味也會很鬆散。還有一點要注意，搖盪前務必將雪克杯內的糖漿確實攪散。

LE CLUB

諾哈頓

Non-Hattan

ABV 0%

★ ★ ★

融合2種茶呈現威士忌的風味

MOCKTAIL RECIPE

材　料

泡得較濃的玉米茶	20ml
煮得較濃的麥茶	20ml
肉桂糖漿（MONIN）	10ml
糖漬櫻桃罐頭的汁	5ml
紅酒醋	5ml
安格仕苦精	2dashes

裝飾物

糖漬櫻桃	1顆
橙皮	1片

作法

❶ 將所有材料攪拌後倒入雞尾酒杯。

❷ 放入糖漬櫻桃裝飾，噴附柳橙皮油。

[曼哈頓經典酒譜]

材料：裸麥威士忌 45ml ／甜香艾酒 15ml ／安格仕苦精 1dash

裝飾物：糖漬櫻桃 1 顆

① 將所有材料攪拌後倒入雞尾酒杯。

② 放入糖漬櫻桃裝飾。

調酒師談這杯酒的創作概念

「曼哈頓（Manhattan）」是以美國威士忌為基底的經典調酒，我將它改編成無酒精版本並取作「諾哈頓」。材料使用玉米茶和帶有燻烤香氣的麥茶，組成類似波本威士忌的風味。我認為裝飾用的糖漬櫻桃也是曼哈頓風味的一部分，所以還加了糖漬櫻桃罐頭的汁。至於肉桂糖漿與紅酒醋則是為了增添複雜度，代替原本甜香艾酒的風味。

LE CLUB

無鏽鐵釘
Mockty Nail

ABV 0%

★ ★ ☆

用芫荽籽表現老酒風味

MOCKTAIL RECIPE

材　料

Hoppy濃縮液※	45ml
蜂蜜	2～3tsp
芫荽籽	2g
丁香	1粒
小荳蔻	1顆

作法

❶ 將Hoppy濃縮液以外的材料放入研磨缽磨碎。
❷ 加入Hoppy濃縮液後混合均勻，用濾茶網過濾。
❸ 將❷倒入裝好冰塊的古典杯，攪拌。

※[Hoppy 濃縮液]
① 將 Hoppy（白）倒入小鍋子，以中小火加熱。
② 煮到分量剩下一半即可關火冷卻。
③ 裝入容器，冷藏保存。

[鏽釘（Rusty Nail）經典酒譜]
材料：威士忌 30ml／吉寶蜂蜜香甜酒 30ml
① 將所有材料加入裝好冰塊的古典杯攪拌。

調酒師談這杯酒的創作概念

我曾在某間酒吧喝到1960年代的吉寶，那強烈的香氣讓我產生咬到某些辛香料的錯覺。這個經驗給了我靈感，於是我在蜂蜜中加入香料，重現「吉寶」的藥草風味。而且將芫荽籽搗碎後加進酒裡，還會形成類似威士忌、利口酒老酒的風味。濃縮過後的Hoppy帶點苦味，可以用來代替威士忌，而丁香的苦韻和小荳蔻的清爽香氣則可以讓蜂蜜往往甜膩的尾韻收得乾淨一點。

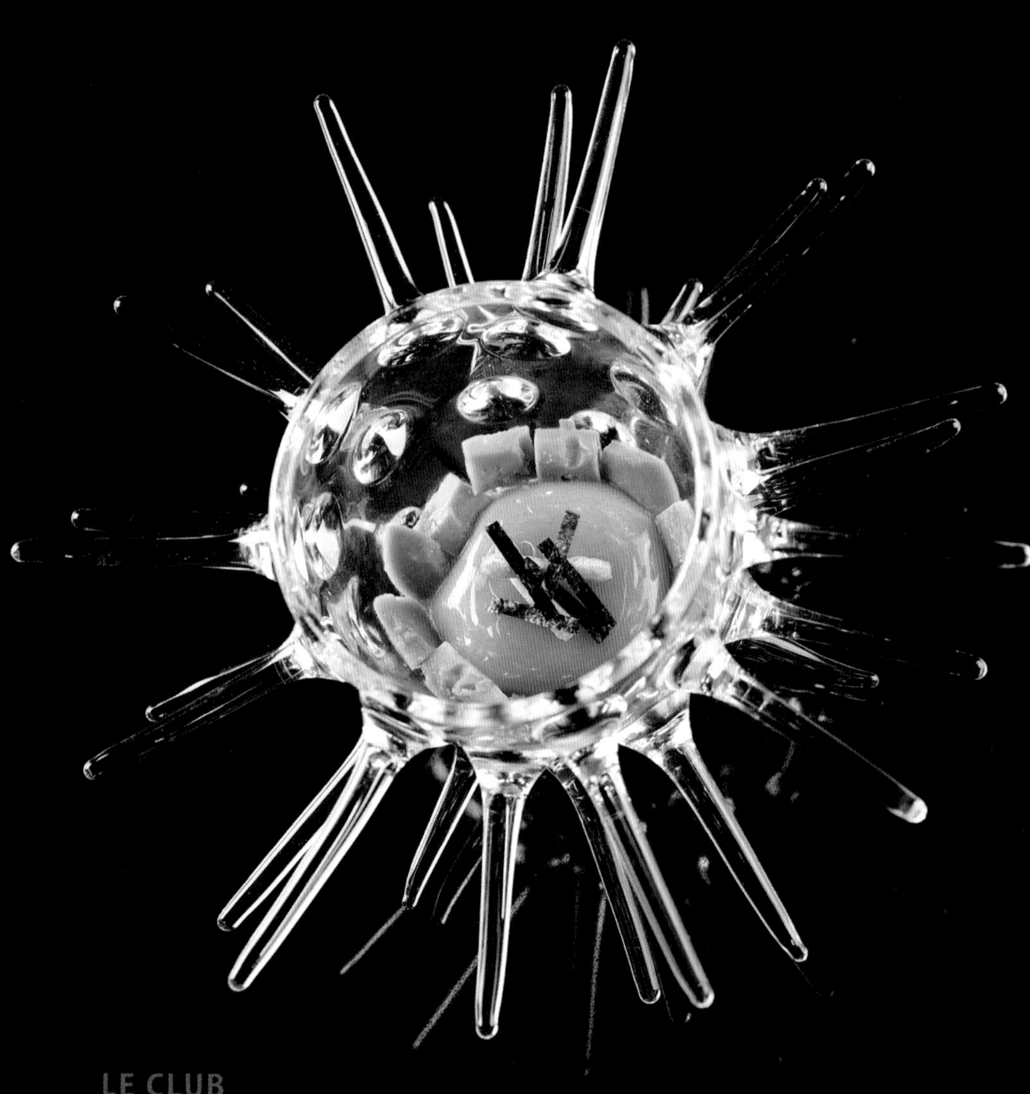

LE CLUB

草原海膽軍艦

Plairie Sea Urchin Gunkan-Maki

ABV 8.4%

★☆☆

如果他想吃的不是牡蠣，而是海膽軍艦壽司……

COCKTAIL RECIPE

材　料

雪莉酒（古提拉Oloroso雪莉酒）	20ml
蛋黃	1顆
酪梨	2g
茶泡飯料	少許

［草原牡蠣經典酒譜］

材料：蛋黃 1 顆／伍斯特醬 1tsp ／番茄醬 1tsp ／醋 2dashes ／胡椒 1dash

① 保持蛋黃完整，輕輕放入古典杯，再加入其他材料。

作法

❶ 先將雪莉酒加入杯中，再輕輕放入蛋黃，小心別弄破。

❷ 加入酪梨，撒上少許茶泡飯料。

調酒師談這杯酒的創作概念

「草原牡蠣（Prairie oyster）」是一杯經典的無酒精調酒，傳說這杯酒是因為茫茫草原中有個人生命垂危之際告訴他朋友「我好想吃牡蠣」，他的朋友便用蛋做了一杯口感如牡蠣般滑嫩的雞尾酒給他。我稍微改編了這則故事，設想那個人「想吃的不是牡蠣，而是海膽軍艦壽司」會怎麼樣。國外有些調酒師會在調製草原牡蠣時加酒，所以我也加了一點酒。這杯酒喝起來其實沒有海膽的味道，就像草原牡蠣喝起來也沒有牡蠣的味道，就是一杯單純好喝的雞尾酒。

LE CLUB

賽澤麥克
Sazemack

ABV 9.3%

★ ★ ☆

賽澤瑞克風味的整腸健胃飲!?

COCKTAIL RECIPE

材 料

Solmack整腸液PLUS（50ml）…… 1枝
艾碧斯（Versinthe La Blanche）…… 1～2tsp
簡易糖漿 …… 1tsp
裴喬氏苦精 …… 3dashes
Bob's 原味苦精 …… 3dashes

裝飾物

檸檬皮 …… 1片

作法

❶ 將所有材料攪拌後倒入艾碧斯水煙杯。
❷ 噴附檸檬皮油。

［基本款］
材料：裸麥或加拿大威士忌 60ml／方糖 1 顆／裴喬氏苦精或安格仕苦精 1dash／艾碧斯 1dash
裝飾物：檸檬皮 1 片
① 將方糖放入 Rock 杯，加入少許的水溶解。
② 加冰塊與其他材料後攪拌。
③ 噴附檸檬皮油。

調酒師談這杯酒的創作概念

酒精多少給人一種不易飲用、殘留在喉道的質感，於是我就想：我們日常生活中有什麼飲食也是這樣？後來我想到了Solmack整腸液，而且很多客人也覺得苦味利口酒「喝起來好像胃藥」。我用經典調酒「賽澤瑞克（Sazerac）」的材料搭配Solmack，喝起來宛如加了冰塊的美味苦甜利口酒，還能感受到賽澤瑞克那種舒服的風味。

LE CLUB

邁泰 in 拉莫斯琴費斯

Mai Tai in Ramos Gin Fizz

ABV 3.5%

★★★

玩心大發的「雞尾酒in雞尾酒」

COCKTAIL RECIPE

材　料

深色蘭姆酒	15ml
紅茶（格雷伯爵茶）	30ml
萊姆汁	15ml
杏仁糖漿	10ml
橙花水糖漿	5ml
鮮奶油	15ml
蛋白	1/2顆
氣泡水	適量

作法

❶ 將氣泡水以外的材料加入波士頓雪克杯，充分搖盪。

❷ 倒入杯中，加入氣泡水。

［邁泰經典酒譜］
※ 國外版
材料：白色蘭姆酒 30ml／柑橘利口酒 15ml／萊姆汁 30ml／杏仁糖漿 15ml／簡易糖漿 7.5ml／深色蘭姆酒 30ml

① 將深色蘭姆酒以外的材料搖盪均勻，倒入裝滿碎冰的杯子。
② 讓深色蘭姆酒漂浮在上層。
③ 依喜好放上萊姆、薄荷、紅櫻桃、鳳梨裝飾。

［拉莫斯琴費斯經典酒譜］
※ 國外版
材料：琴酒 60ml／檸檬汁 15ml／萊姆汁 15ml／簡易糖漿 22.5ml／鮮奶油 22.5ml／蛋白 1 顆／橙花水 5drops／氣泡水 30ml

① 將氣泡水以外的材料加入波士頓雪克杯，先不加冰塊進行乾搖盪（dry shake）。
② 接著加冰塊充分搖盪，倒入平底杯。
③ 加入氣泡水。

調酒師談這杯酒的創作概念

我抱著好玩的心情設計了這杯「雞尾酒in雞尾酒」，將「邁泰」藏入「拉莫斯琴費斯」。我減少蘭姆酒的用量，輔以紅茶支撐飽滿度，調成一杯低酒精調酒。拉莫斯琴費斯最大的特色就是那呼之欲出的泡沫，有些調酒師會採用反轉乾搖盪（reverse dry shake）的方法，即先將所有材料照正常方式搖盪均勻，再倒入另一組雪克杯做乾搖盪。盛杯時，雪克杯裡的酒液和氣泡水可以交互倒入杯中，這樣更容易形成漂亮的泡沫。

LE CLUB

Bartender

村田英則

「LE CLUB」於 1994 年開幕，主理人村田英則致力於創作創意十足的劃時代調酒，期許自己帶給客人「前所未有的邂逅與體驗」。2016 年他開始經營 Instagram，進而打開國際知名度，陸續受邀前往上海「Sober Company」、荷蘭「ROSALIA' S MENAGERIE」等國外與國內酒吧客座。他精通經典調酒的改編，也擅長用極為簡單的材料將料理化為一杯雞尾酒。

Bar info

LE CLUB 愛媛県松山市二番町 1-9-20 キーホールビル B1F TEL：089-931-1995

Mocktail
&
Low-ABV Cocktail
Recipes

CASE.07

TIGRATO
Yu-suke Takamiya

TIGRATO

咖啡鮮柚沙瓦

Coffee Grapefruit Sour

ABV 3.6%

★☆☆

泡盛酒結合咖啡與葡萄柚的沙瓦類調酒

COCKTAIL RECIPE

材　料

泡盛（尚 ZUISEN）	20ml
冰咖啡（尼加拉瓜EL Quetzal Estate）	30ml
葡萄柚汁	1/2顆
檸檬汁	10ml
簡易糖漿	10ml
通寧水	適量

作法

❶ 榨取葡萄柚汁，倒入平底杯。
❷ 加入冰塊，再加入通寧水以外的材料，攪拌。
❸ 加入通寧水，輕拌混合。

調酒師談這杯酒的創作概念

沖繩很流行泡盛酒加咖啡的喝法，而咖啡又和葡萄柚很搭，所以我將三者結合做成沙瓦。「尚ZUISEN」是風味既細緻又華麗的泡盛酒，帶有類似西洋梨、水蜜桃、香蕉等果香。若想以一般燒酎取代泡盛，建議選擇風味乾淨的類型，不過嘗試用特色鮮明的燒酎搭配不同的咖啡豆也是一種樂趣。如果沒有通寧水也可以用氣泡水代替。

TIGRATO

優格冷萃馬丁尼

Yoghurt Brew Martini

ABV 5.7%

★☆☆

用優格萃取咖啡

COCKTAIL RECIPE

材料

伏特加（坎特一號）…… 10ml
咖啡乳清※ …… 50ml
簡易糖漿 …… 10ml

作法

❶ 將所有材料攪拌後倒入雞尾酒杯。

※[咖啡乳清]
材料：優格 100g／咖啡豆（哥斯大黎加 Santa Teresa）10g
① 將粗研磨的咖啡粉與優格混合，放冰箱靜置 12 小時。
② 用咖啡濾紙過濾。

調酒師談這杯酒的創作概念

萃取咖啡的方式很多，比方說最近很流行用冷水長時間浸泡萃取的「冷萃咖啡（cold brew）」和用冰牛奶萃取的「奶萃咖啡（milk brew）」，而我則想到用優格玩玩看。剛好最近很流行發酵咖啡，所以我才想到這種有趣的組合。我希望香氣明顯一點，所以選擇以攪拌法而非搖盪法調製。咖啡乳清也很適合在調製曼哈頓和內格羅尼時加一點增添風味。

TIGRATO

黑醋栗咖啡
Cassis Coffee

ABV 2.1%

★ ★ ☆

黑醋栗完美結合苦甜巧克力般的風味

COCKTAIL RECIPE

材 料

黑醋栗利口酒（Philippe de Bourgogone）	30ml
咖啡豆（尼加拉瓜EL Quetzal Estate）	12g
熱水	180ml
鮮奶油	60ml

作法

❶ 將咖啡豆磨成粉，倒入愛樂壓的沖煮座並注入熱水。

❷ 接著加入黑醋栗利口酒，按壓萃出。

❸ 倒入耐熱玻璃杯，蓋上一層鮮奶油。

註：若沒有愛樂壓，也可以用手沖方式萃取咖啡（咖啡豆：熱水＝12g：180ml）。

調酒師談這杯酒的創作概念

大家都知道黑醋栗跟咖啡的風味很搭，尤其這款深烘焙的咖啡豆口感厚實，又帶有類似巧克力的風味，很適合搭配味道酸甜的莓果。我做成類似經典調酒「愛爾蘭咖啡（Irish Coffee）」的形式，最後加入乳脂含量35%的鮮奶油增添溫潤的口感，但喝起來不會太膩。如果使用手沖方式萃取咖啡，沖煮時請確實浸濕所有咖啡粉，並且分3次注水。

TIGRATO

自製無酒精咖啡琴酒

Original Non-Alcoholic Coffee Gin

ABV 0%

★★☆

自行挑選喜歡的琴酒品牌與咖啡豆種類

MOCKTAIL RECIPE

材　料

無酒精咖啡琴酒※	90ml
檸檬汁	10ml
簡易糖漿	10ml

作法

❶ 將所有材料加入裝好冰塊的Rock杯，攪拌。

※[無酒精咖啡琴酒]
材料：水 1500ml ／琴酒（龐貝藍鑽）100ml ／葡萄柚皮 50g ／杜松子 20g ／小荳蔻 2 顆／茉莉花茶（茶包） 1 包／咖啡（肯亞 Thunguri）50g

① 將茉莉花茶茶包和咖啡以外的材料放入鍋中加熱。
② 沸騰後轉小火熬煮 1 小時，關火冷卻。
③ 加入茉莉花茶茶包和咖啡，放冰箱冷藏 12 小時。
④ 過濾後裝瓶，冷藏保存備用。

調酒師談這杯酒的創作概念

咖啡是將咖啡豆成分萃取至水中的飲品，所以我將咖啡視為一種風味水，進而聯想到自製咖啡風味無酒精琴酒。我建議選擇酒精濃度較高、風味較紮實的琴酒，才能彌補隨著酒精失去的飽滿度與風味；咖啡豆則建議選擇酸味如葡萄柚一般銳利的種類。由於我本來就打算無酒精咖啡琴酒做好後搭配檸檬與糖漿，所以材料也是依此為前提構成。

TIGRATO

仿亡者復甦

Like Corpse Reviver

ABV 0%

★★★

振奮精神的舒服酸味

MOCKTAIL RECIPE

材　料

無酒精咖啡琴酒※1	40ml
無酒精白麗葉糖漿※2	20ml
冰咖啡（肯亞Thunguri）	20ml
檸檬汁	5ml

作法

❶ 將所有材料搖盪後雙重過濾倒入雞尾酒杯。

※1［無酒精咖啡琴酒］

材料：水 1500ml ／琴酒（龐貝藍鑽）100ml ／葡萄柚皮 50g ／杜松子 20g ／小荳蔻 2 顆／茉莉花茶（茶包）1 包／咖啡（肯亞 Thunguri）50g

① 將茉莉花茶茶包和咖啡以外的材料放入鍋中加熱。

② 沸騰後轉小火熬煮 1 小時，關火冷卻。

③ 加入茉莉花茶茶包和咖啡，放冰箱冷藏 12 小時。

④ 過濾後裝瓶，冷藏保存備用。

※2［無酒精白麗葉糖漿］

材料：喝剩的白酒或料理用白酒 400ml ／不甜香艾酒（Dolin Vermouth Dry）100ml ／細白砂糖 200g ／蜂蜜 200g ／柑橘類的皮 20g

① 將所有材料加入鍋中煮沸，沸騰後轉小火熬煮 2 小時。

② 冷卻後放冰箱冷藏 24 小時。

③ 過濾後裝瓶，冷藏保存備用。

［亡者復甦二號經典酒譜］

材料：琴酒 15ml ／君度橙酒 15ml ／白麗葉酒（原版為 Kina Lillet）15ml ／檸檬汁 15ml ／艾碧斯 1dash

① 將所有材料搖盪後倒入雞尾酒杯。

調酒師談這杯酒的創作概念

這杯酒是無酒精版本的「亡者復甦二號（Corpse reviver#2）」。我以「自製無酒精咖啡琴酒」（p.170）為基底，並將原酒譜的白麗葉做成風味糖漿，再結合檸檬汁。其實以上三種原料已經很完整，不過多了咖啡還能增加風味厚度。白麗葉糖漿材料中的柑橘皮種類不拘，我自己是將榨完汁的檸檬、葡萄柚、柳橙留下來，取皮的部分加以利用。

TIGRATO

檸香咖啡氣泡飲

Coffee Squash

ABV 0%

★★☆

咖啡×香料×氣泡

MOCKTAIL RECIPE

材 料

冰咖啡（尼加拉瓜EL Quetzal Estate）	50ml
香艾酒風味糖漿※	10ml
簡易糖漿	10ml
檸檬汁	8ml
氣泡水	適量

作法

❶ 將氣泡水以外的材料加入裝好冰塊的平底杯，攪拌。

❷ 加入氣泡水，輕拌混合。

※[香艾酒風味糖漿]

材料：喝剩的白酒或料理用白酒 400ml ／不甜香艾酒（Dolin Vermouth Dry）100ml ／細白砂糖 400g ／柑橘類的皮 20g ／艾碧斯 4g

① 將所有材料加入鍋中煮沸，沸騰後轉小火熬煮 2 小時。

② 冷卻後放冰箱冷藏 24 小時。

③ 過濾後裝瓶，冷藏保存備用。

調酒師談這杯酒的創作概念

咖啡配碳酸飲料的歷史或許比大家想像中的還要久，像「咖啡蘋果酒（Coffee Cider）」、「檸香咖啡氣泡飲（Coffee Squash）」、「義式咖啡蘇打（Espresso Soda）」在國外已經相當普及，在日本卻一直流行不起來。我這杯還加了自製的香艾酒風味糖漿，口味平易近人卻也擁有更多風味層次。其實這杯無酒精調酒放在我們店裡酒單上好一段時間了，炎炎夏日總有許多人喜歡點這杯來喝。

TIGRATO

奇異果＆芝麻葉

Kiwi & Arugula Mocktail

ABV 0%

★☆☆

健康的果昔風無酒精調酒

MOCKTAIL RECIPE

材料

奇異果	1顆
葡萄柚汁	10ml
檸檬汁	5ml
簡易糖漿	5ml
水	30ml
芝麻葉	適量

作法

❶ 將所有材料與少量的碎冰加入果汁機打勻。

❷ 倒入裝好冰塊的Rock杯。

調酒師談這杯酒的創作概念

這是一杯滿滿水果風味的健康無酒精調酒。奇異果與葡萄柚的酸甜之中還喝得到芝麻葉的辛香味，而且我刻意不過濾果肉，希望呈現果昔般的口感。除了奇異果，也可以用水蜜桃、香蕉等風味濃郁且質地黏稠的水果調製。若增加碎冰的量即可做成霜凍類調酒。

TIGRATO

葡萄＆國寶茶
Grape & Rooibos tea Mocktail

ABV 0%

★ ☆ ☆

具有抗氧化功效的一杯調酒!?

MOCKTAIL RECIPE

材　料

葡萄	4顆
南非國寶茶	60ml
檸檬汁	10ml
簡易糖漿	12ml
氣泡水	適量

作法

❶ 將葡萄放入平底杯搗碎。

❷ 加入氣泡水以外的材料，攪拌。

❸ 裝入碎冰至8分滿，再加入氣泡水，輕拌混合。

調酒師談這杯酒的創作概念

南非國寶茶不含咖啡因又有養顏美容的效果，是任何人都能夠安心享用的保養聖品。雖然有些人不習慣它獨特的風味，但搭配水果做成無酒精調酒，味道就會溫和許多。南非國寶茶搭配充滿維他命C的水果，抗氧化效果再加倍。調製這杯時，重點在於步驟❶確實將葡萄皮搗碎，搗出澀感與香氣。

TIGRATO

草莓＆伯爵茶

Strawberry & Earl Grey Mocktail

ABV 0%

★ ☆ ☆

享受草莓果肉口感與佛手柑香氣

MOCKTAIL RECIPE

材　料

草莓……4顆

格雷伯爵茶……90ml

葡萄柚汁……15ml

檸檬汁……5ml

簡易糖漿……10ml

作法

❶ 將草莓放入波士頓雪克杯搗碎。

❷ 加入剩餘材料，搖盪後倒入雞尾酒杯。

調酒師談這杯酒的創作概念

草莓和伯爵茶堪稱最佳拍檔，蛋糕、慕斯、塔類等甜點也經常看到兩者同時出現。我伯爵茶用了90ml，避免茶香被草莓壓過去。這一杯酒的路線很清爽，可以聞到佛手柑一般的香氣，又能嘗到草莓果肉的口感。葡萄柚汁的角色比較像是連結所有材料的介質，同時也發揮點綴的功用，讓整杯酒的風味平衡更完好。

TIGRATO

卡布里
Caprese

ABV 3%

★★★

將清爽的卡布里沙拉做成一杯雞尾酒

COCKTAIL RECIPE

材 料

羅勒伏特加※1	20ml
澄清番茄汁※2	20ml
乳清※3	30ml
檸檬汁	8ml
簡易糖漿	10ml

裝飾物

黑胡椒	1小撮

作法

❶ 將所有材料搖盪後雙重過濾倒入雞尾酒杯。

❷ 撒上黑胡椒。

※1 [羅勒伏特加]

材料：伏特加 100ml ／水 200ml ／新鮮羅勒 2g

① 將所有材料放入果汁機攪拌，以濾茶網過濾。

② 裝瓶後冷藏保存備用。

※2 [澄清番茄汁]

材料：番茄 適量

① 番茄 將番茄打成汁後倒入鍋內加熱。

② 在沸騰前關火。

③ 以咖啡濾紙濾除果肉。

※3 [乳清]

材料：優格 適量

① 以咖啡濾紙過濾優格即可得到乳清。

調酒師談這杯酒的創作概念

這杯調酒的概念來自義大利的「卡布里沙拉（Caprese Salad）」。雖然材料準備起來稍微麻煩，不過每項材料都有不只一種用途，例如羅勒伏特加還能用於血腥瑪麗、澄清番茄汁可以用於莫西多、乳清可以用於亞歷山大（Alexander）或綠色蚱蜢。想要迅速將某種材料的風味融進烈酒時——例如製作羅勒伏特加時——果汁機是很方便的工具。伏特加裡面加水是為了降低酒精濃度。除了羅勒，也可以試試看用香菜、小荳蔻等各式各樣的香草、香料結合烈酒。

TIGRATO

Bartender

高宮裕輔

食品公司「hakusuke」董事長。高宮裕輔盼能「拓展調酒師這份工作的可能」，運用自身調酒經驗投入研發咖啡調酒與義式冰淇淋。他不僅受邀擔任雞尾酒講座、日本規模最大義式冰淇淋盛會「Gelato World Tour 2019」的講師，還身兼商品開發顧問、活動企劃、品牌公關，並以策劃人的身分於酒類、農產、義式冰淇淋、咖啡等產業大展身手。

Bar info

TIGRATO 東京都千代田区六番町 13-6 AS ビル 1F TEL ： 03-5214-1122

Mocktail
&
Low-ABV Cocktail
Recipes

CASE.08

The Bar Sazerac
Yasuhiro Yamashita

The Bar Sazerac

綠仙子通寧

Green Fairy Tonic

ABV 0%

★ ☆ ☆

綠仙子結合芹菜的無酒精琴通寧

MOCKTAIL RECIPE

材　料

無酒精琴酒（NEMA 0.00%艾碧斯風味款）……30ml
葡萄柚汁……30ml
檸檬汁……10ml
芹菜……30g
通寧水（舒味思）……適量

※[芹鹽]
材料：芹菜葉、鹽巴 皆適量
① 將芹菜葉自然風乾 3 ～ 4 天後打碎。
② 取與①等量的鹽巴，以小火炒至感覺不到水氣，再與①混合。

裝飾物

芹菜葉……1根
芹鹽※……適量

作法

❶ 平底杯的杯口沾上一圈芹鹽。
❷ 將通寧水以外的材料加入果汁機打勻。
❸ 將❷過濾倒入❶。
❹ 加入通寧水，輕拌混合。
❺ 放入芹菜葉裝飾。

調酒師談這杯酒的創作概念

別名「綠妖精」的艾碧斯曾令畢卡索和莫內等無數藝術家為之傾倒，甚至現蹤他們的畫作，而這杯酒就是以艾碧斯風味材料結合芹菜調製的無酒精琴通寧。兩種風味特殊的綠色材料堪稱天作之合，搭配葡萄柚汁與通寧水更加易飲。杯口的芹鹽不僅能增添滋味，也能讓我們在靠近杯口時凸顯芹菜的香氣。

The Bar Sazerac

牛蒡薑汁汽水

Burdock Ginger

ABV 2.5%

★★☆

加了發酵薑汁汽水的莫斯科騾子

COCKTAIL RECIPE

材　料

牛蒡伏特加※	10ml
蘘荷	1/2條
葡萄柚汁	20ml
萊姆汁	10ml
發酵薑汁汽水（ginger bug inc.）	70ml
氣泡水	50ml

裝飾物

肉桂棒	1根
八角	1顆
蘘荷	1/2條

作法

❶ 將薑汁汽水與氣泡水兩者以外的材料加入果汁機打匀。
❷ 以濾茶網過濾並倒入裝好冰塊的銅製馬克杯。
❸ 加入薑汁汽水與氣泡水，輕拌混合。
❹ 炙燒肉桂棒與八角。
❺ 將❹與蘘荷放入❸裝飾。

※[牛蒡伏特加]
材料：伏特加（Smirnoff）200ml ／清水洗淨的牛蒡 80g
① 將所有材料加入果汁機攪拌，放冰箱冷藏 1 天。
② 以咖啡濾紙過濾。

[莫斯科騾子經典酒譜]
材料：伏特加 45ml ／萊姆汁 15ml ／薑汁啤酒 適量
① 將伏特加與萊姆汁加入裝好冰塊的銅杯（或平底杯）。
② 加入薑汁啤酒，輕拌混合。

調酒師談這杯酒的創作概念

這杯改編自經典調酒莫斯科騾子，我用的發酵薑汁汽水來自一個標榜「復興見沼田園（埼玉市見沼區）」的在地品牌。說到田園就想到土地，於是我選擇具有土地滋味的牛蒡，搭配能和薑味相呼應的蘘荷，輔以肉桂、八角增添更多層次的香料風味。飲用這杯清涼暢快的低酒精調酒時，還可以享受撲鼻而來的諸多香氣。

The Bar Sazerac

鳳梨伴咖啡

Coffee with Pine

ABV 3.1%

★★☆

甜美椰子香加上濃郁滋味教人欲罷不能

COCKTAIL RECIPE

材 料

Ⓐ咖啡豆浸漬椰子利口酒※1	15ml
Ⓐ發酵鳳梨汁※2	120ml
Ⓑ咖啡粉（深焙）	15g
Ⓑ熱水	20ml
芙內布蘭卡	5ml

裝飾物

鳳梨乾（以果乾機自製）	1片

作法

❶ 準備好咖啡濾杯，放好濾紙，倒入Ⓑ進行悶蒸。

❷ 將Ⓐ的材料加入❶進行萃取。

❸ 將萃取液倒入波士頓雪克杯，再加入芙內布蘭卡，搖盪。

❹ 雙重過濾倒入杯中，放上鳳梨乾裝飾。

※1 [咖啡豆浸漬椰子利口酒]

材料：椰子利口酒（馬里布） 200ml／咖啡豆 10g

① 將咖啡豆浸泡於椰子利口酒 1 天，過濾後即完成。

※2 [發酵鳳梨汁]

材料：鳳梨、細白砂糖 皆適量

① 鳳梨切塊後秤重。

② 加入①總重 80%的細白砂糖。

③ 發酵 5 天後過濾。

調酒師談這杯酒的創作概念

我在某場調酒賽事中看到有人用咖啡融合蔓越莓汁，後來我自己也嘗試用各種果汁來搭配咖啡，最後發現鳳梨和咖啡的組合最融洽。但我不是用一般的果汁，而是發酵鳳梨汁，增添發酵過程產生的複雜度與甜味，並帶來更紮實的香氣。椰子利口酒的風味不僅和鳳梨很搭，又能增添整杯酒的厚度；芙內布蘭卡的苦味則有助於集中整體風味。

The Bar Sazerac

花水木

Hanamizuki

ABV 0%

★★☆

清新淡雅的大馬士革玫瑰香

MOCKTAIL RECIPE

材　料

大馬士革玫瑰蒸餾水※ …… 20ml
黑文字茶（烏樟茶） …… 20ml
無酒精餐後苦酒
（Æcorn Bitter Non Alcoholic Aperitif） …… 20ml

※[大馬士革玫瑰蒸餾水]
材料：大馬士革玫瑰（乾燥）10g／水 200ml
① 將大馬士革玫瑰與水加入蒸餾器，蒸餾後過濾。

裝飾物

乾燥葉片 …… 1片

作法

❶ 將所有材料倒入紅酒杯，晃杯混合。
❷ 倒入裝了玫瑰冰塊的酒，放入葉片裝飾。

調酒師談這杯酒的創作概念

花水木通常是4～5月開花，10月結出紅色果實，每個季節都有當季的美，所以我長久以來一直想用這個名稱設計一杯調酒。後來我決定用大馬士革玫瑰代表花、蒸餾水代表水、黑文字茶代表木，只是這樣子口感稍嫌輕薄，所以我另外加了無酒精苦酒，概念類似和風版的內格羅尼。調製時可以使用紅酒杯，藉由晃杯動作確認香氣的呈現。

The Bar Sazerac

黃瓜玫瑰園

Cucumber Rose Garden

ABV 0%

★ ★ ☆

解構蘇格蘭琴酒並重新構築其風味

MOCKTAIL RECIPE

材　料

希普史密斯無酒精琴酒
（SipsmithFreeGlider Non-Alcoholic Spirit 0.5%） …… 30ml
檸檬汁 …… 20ml
小黃瓜 …… 30g
玫瑰花醬（ROSE LABOCONFITURE ROSE） …… 25g
蛋白 …… 1顆
玫瑰水 …… 噴3下

裝飾物

可食用玫瑰花瓣 …… 適量

作法

❶ 將蛋白與玫瑰水以外的所有材料加入果汁機打勻。
❷ 加入蛋白後再次打勻，接著倒入波士頓雪克杯。
❸ 搖盪後雙重過濾倒入寬口雞尾酒杯。
❹ 噴灑玫瑰水，放上玫瑰花瓣裝飾。

調酒師談這杯酒的創作概念

這杯的靈感來自「亨利爵士琴酒」。亨利爵士的原料包含11種香草、藥草與玫瑰花瓣、黃瓜精華，我拆解其風味後再重新建構一杯酸甜類型的無酒精調酒。我用的玫瑰花醬裡面還有埼玉縣深谷市的無農藥玫瑰花瓣，夾一點出來和新鮮玫瑰花瓣一起裝飾視覺上更豐富。調製時建議先將蛋白以外的材料打勻後再加入蛋白繼續打，避免發生混合不均勻的情況。

The Bar Sazerac

致敬

Hommage

ABV 0%

★☆☆

致敬當代經典調酒琴羅勒・斯瑪旭

MOCKTAIL RECIPE

材　料

茉莉花茶	45ml
巨峰葡萄	4～5顆
鼠尾草葉	3片
紅酒醋	2tsp

裝飾物

紅酒鹽※	適量
鼠尾草葉	1片

※[紅酒鹽]

材料：紅酒 80ml ／鹽 適量

① 將紅酒倒入鍋中熬煮濃縮。

② 取與①等量的鹽巴，以小火炒至感覺不到水氣。

③ 混合①與②。

作法

❶ Rock杯的杯口沾上半圈紅酒鹽。

❷ 將所有材料加入波士頓雪克杯，並搗碎巨峰葡萄與鼠尾草。

❸ 加入2cup的碎冰搖盪。

❹ 倒入❶，放上鼠尾草葉裝飾。

調酒師談這杯酒的創作概念

我很喜歡「琴羅勒・斯瑪旭（Gin Basil Smash）」這杯誕生於德國漢堡的當代經典調酒，所以抱著致敬的心態嘗試過很多水果搭香草的無酒精調酒。如果要加酒，我會以浸漬茉莉花茶葉的雪莉酒（Fino）為基底。由於這杯酒是加碎冰搖盪，因此不必搖太大力也能充分冷卻，加上碎冰融化速度很快，所以大約搖個4～5次即可。

The Bar Sazerac

芝麻菜酸酒

Arugula Sour

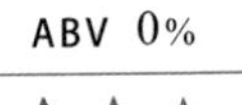

ABV 0%

★★☆

搭配生火腿與起司一起吃的酸甜類無酒精調酒

MOCKTAIL RECIPE

材　料

無酒精版坦奎瑞（Tanqueray 0.0%）	30ml
葡萄柚汁	30ml
檸檬汁	20ml
芝麻葉	20g
簡易糖漿	5ml
鹽	1撮
蛋白	1顆

裝飾物

乾燥生火腿（以果乾機自製）	1片
酥脆起司 （以微波爐加熱綜合起司2分鐘製成）	1片

作法

❶ 將蛋白以外的材料加入果汁機打勻。
❷ 加入蛋白繼續打勻，再倒入波士頓雪克杯。
❸ 搖盪後雙重過濾倒入寬口雞尾酒杯。
❹ 裝飾。

調酒師談這杯酒的創作概念

我以埼玉市鼓勵栽種的歐洲蔬菜為材料，創作了這杯酸甜類型的芝麻菜無酒精調酒。我想到生火腿搭配芝麻葉的沙拉和披薩很常見，所以裝飾物也用了生火腿和起司。調製蔬菜類調酒時，加1小撮鹽巴可以提味並加強整體感。我店裡還有一杯茴香酸酒（FennelSour）也是以同樣的酒譜製作，只差在將芝麻葉換成茴香，最後再噴上一點艾碧斯。

The Bar Sazerac

亡者復甦零號

Corpse Reviver No.0

ABV 0%

★ ★ ★

喝下這杯也許會喚醒什麼!?

MOCKTAIL RECIPE

材　料

無酒精版坦奎瑞（Tanqueray 0.0%） …… 30ml
苦蒿蒸餾水※1 …… 10ml
檸檬汁 …… 10ml
無酒精餐後苦酒
（Æcorn Bitter Non Alcoholic Aperitif） …… 10ml
聖羅勒風味糖漿※2 …… 5ml

作法

❶ 將所有材料搖盪後倒入裝著骷髏造型冰塊的Rock杯。

※1[苦蒿蒸餾水]
材料：苦蒿 30g ／水 200ml
① 將苦蒿與水加入蒸餾器蒸餾後過濾。

※2 [聖羅勒風味糖漿]
材料：聖羅勒 25g ／水 200ml ／砂糖 100g ／檸檬汁 10ml
① 將聖羅勒和水加入鍋中，開火加熱。
② 沸騰後關火靜置幾分鐘。
③ 加入砂糖攪拌至溶解，再加入檸檬汁混合均勻。

[亡者復甦二號經典酒譜]
材料：琴酒 15ml ／君度橙酒 15ml ／白麗葉酒（原版為 Kina Lillet）15ml ／檸檬汁 15ml ／艾碧斯 1dash
① 將所有材料搖盪後倒入雞尾酒杯。

調酒師談這杯酒的創作概念

我將「亡者復甦二號」原譜中的琴酒換成無酒精琴酒，艾碧斯換成苦蒿蒸餾水（苦蒿是艾碧斯的主要原料），再搭配無酒精餐後苦酒增添苦味與厚實度。印度傳統醫學阿育吠陀將聖羅勒視為「長生不老靈藥」，所以我用聖羅勒搭配骷髏造型的冰塊，表現喚醒亡者的意象。

The Bar Sazerac

星期天早晨

Sunday Morning

ABV 3.3%

★★★

喝起來有如柳橙口味的優格

COCKTAIL RECIPE

材　料

優格洗金巴利※1	20ml
自製柳橙果醬※2	25g
葡萄柚汁	40ml
檸檬汁	20ml
蛋白	1顆
橙花水	噴3下

裝飾物

乾燥柳橙片（以果乾機自製）	1片

作法

❶ 將蛋白與橙花水兩者以外的材料加入果汁機打勻。

❷ 加入蛋白後繼續打勻。

❸ 倒入波士頓雪克杯搖盪，雙重過濾倒入寬口雞尾酒杯。

❹ 噴灑橙花水，放上乾燥柳橙片裝飾。

※1［優格洗金巴利］

材料：金巴利 300ml／原味優格 200g

① 將材料加入盆中，慢慢攪拌均勻。

② 靜置 5～6 小時，待酒液與優格分離後即可用咖啡濾紙過濾。

※2［自製柳橙果醬］

材料：柳橙、細白砂糖、水 皆適量

① 將柳橙皮與果肉切成適當大小。

② 將橙皮與水加入鍋中，開大火加熱至沸騰，然後倒掉水，再重新加水煮滾。重複 2～3 次去除雜質。

③ 將②剁碎，測量果皮與果肉的總重。

④ 加入③總重一半的細白砂糖，再加入能浸過果皮與果肉表面的水，開中火煮出濃稠度。

⑤ 冷卻後即可裝入用熱水消毒過的瓶子。

調酒師談這杯酒的創作概念

我店裡有一杯用琴酒和自製柳橙果醬調製的柑橘醬酸酒（Marmalade Sour），還有一杯是以優格洗金巴利調製的白色泡泡雞尾酒（White Spumoni），我將兩杯酒各自的材料組合在一起，做成這杯充滿柑橘風味的金巴利酸甜調酒。有時試著拼湊不同雞尾酒的自製材料也會有新的發現呢。各位喝這杯酒時，不妨想像自己在假日早晨吃著柳橙風味優格的情景。

The Bar Sazerac

鮮味辛香番茄
Umami Spice Tomato

ABV 3.2%

★ ★ ★

蛤蜊與昆布的鮮味結合豐富辛香料風味

COCKTAIL RECIPE

材 料

香料浸漬伏特加※1	10ml
蛤蜊蒸餾水※2	30ml
澄清番茄汁※3	70ml
檸檬汁	10ml
蜂蜜水※4	5ml

裝飾物

鹹昆布泡泡※5	適量
番茄乾（以果乾機自製）	1片
黑胡椒	適量

作法

❶ 將所有材料加入波士頓雪克杯，以拋接法調製。
❷ 倒入Rock杯，加入冰塊。
❸ 挖上泡泡、放上番茄乾裝飾，最後再灑上黑胡椒。

調酒師談這杯酒的創作概念

這杯酒改編自含有蛤蜊、昆布等風味的經典調酒「血腥凱薩（Bloody caesar）」。前陣子我看到「和風高湯咖哩（出汁カレー）」從日本西部紅到東部，從中獲得靈感，開始嘗試在雞尾酒中結合香料與日式高湯的風味。我們店裡也有提供乾咖哩，而我將製作乾咖哩時用的香料拿來泡伏特加，再搭配風味蒸餾水和澄清番茄汁，整杯酒喝起來雖然有番茄味，外觀卻相當澄澈。

※1[香料浸漬伏特加]
材料：伏特加（Smirnoff）100ml／小荳蔻 1 顆／孜然 2g／葫蘆巴籽 1g／尼泊爾山椒（Timbur）1g／小茴香籽 1g／大茴香籽 1g
① 將所有香料浸泡於伏特加 2 天後過濾。

※2 [蛤蜊蒸餾水]
材料：蛤蜊（吐好沙）150g／水 300ml／鹽 1 小匙
① 將所有材料一起加熱至沸騰。
② 倒入蒸餾器，蒸餾後過濾。

※3 [澄清番茄汁]
材料：番茄 2 顆
① 番茄將番茄丟入果汁機，打碎後用咖啡濾紙過濾。

※4[蜂蜜水]
材料：蜂蜜、水 皆適量
① 將等量的蜂蜜與水加入鍋中，煮至沸騰後關火冷卻。

※5[鹹昆布泡泡]
材料：昆布 5g／水 200ml／鹽少許／大豆卵磷脂 少許
① 將所有材料加入玻璃杯，利用水族箱打氣機灌氣製作泡沫。

[血腥凱薩經典酒譜]
材料：伏特加 45ml／Clamato 綜合番茄果汁適量／檸檬汁 1tsp
① 將所有材料加入裝好冰塊的平底杯，攪拌均勻。
② 依個人喜好加入鹽巴、胡椒、塔巴斯科辣椒醬、伍斯特醬等調味料。

The Bar Sazerac

Bartender

山下泰裕

山下泰裕自餐飲學校畢業後，於京都木屋町一間餐酒館工作，過程中逐漸發現調酒師這份工作的樂趣，於是回到故鄉埼玉縣，進入大宮的酒吧「The Bar ALCAZAR」工作。後來他也陸續待過另一間位於大宮的酒吧「The Bar Finlaggan」，還有上野與神保町的「Cocktail Works」，累積充足經驗後於 2018 年開了自己的酒吧「The Bar Sazerac」。他積極推廣埼玉縣鼓勵栽種的歐洲品種蔬菜，也實際拜訪生產者學習了解，並嘗試以在地農產品創作雞尾酒。

Bar info

The Bar Sazerac 埼玉県さいたま市大宮区仲町 2-42 セッテイン 5F-B TEL：048-783-4410

Mocktail
&
Low-ABV Cocktail
Recipes

CASE.09

the bar nano. gould.
Kenichi Tomita

the bar nano. gould.

忍者步伐［和風貓步］

Ninja Running

ABV 0%

★★☆

將柳橙汁調得綿滑飄香

MOCKTAIL RECIPE

材　料

柳橙汁 …… 45ml
檸檬汁 …… 10ml
焙茶糖漿※ …… 15ml
蛋黃 …… 1顆

裝飾物

焙茶葉、簡易糖漿 …… 皆適量

作法

❶ 雞尾酒杯外抹上簡易糖漿，沾上焙茶葉。
❷ 將蛋黃放入盆中，用打蛋器確實打散。
❸ 將❷與剩餘材料加入雪克杯，搖盪後倒入❶。

※[焙茶糖漿]
材料：焙茶葉 15g ／簡易糖漿 700ml
① 將所有材料加入鍋中，加熱至沸騰前一刻。
② 關火後靜置一晚再過濾。

[貓步經典酒譜]
材料：柳橙汁 45ml ／檸檬汁 15ml ／紅石榴糖漿 1tsp ／蛋黃 1 顆
① 將所有材料搖盪均勻後倒入香檳杯或較大的雞尾酒杯。

調酒師談這杯酒的創作概念

我將無酒精調酒「貓步（Pussyfoot）」的紅石榴糖漿替換成自製焙茶糖漿，改編成和風口味。焙茶糖漿具有類似巧克力和煙燻的風味，之前我們店裡有一杯加了焙茶糖漿的無酒精調酒賣得很好，這個經驗也給了我創作的靈感。由於每一種焙茶泡出來的濃度都不一樣，各位製作糖漿時請依情況自行調整。貓步是一個美國俚語，形容「躡手躡腳」的樣子。

the bar nano. gould.

咖啡杏仁沙瓦
Coffee & Amaretto Sour

ABV 0%

★☆☆

湧出的泡沫撒上可可粉超吸睛

MOCKTAIL RECIPE

材 料

手沖咖啡	60ml
杏仁糖漿（MONIN）	15ml
檸檬汁	10ml
蛋白（打至七分發）	1顆
氣泡水	適量

裝飾物

可可粉	適量

作法

❶ 搖盪氣泡水以外的材料。
❷ 倒入平底杯，加1顆冰塊。
❸ 待泡沫穩定下來，再輕輕倒入氣泡水。
❹ 撒上可可粉。

調酒師談這杯酒的創作概念

湧出杯口的蛋白泡沫撒上棕色的可可粉，強烈的顏色對比與可愛的模樣像極了一幅畫。無酒精調酒的外觀還是有趣一點比較好對吧？咖啡的部分可以用任何自己喜歡的種類，我們店裡是用札幌「丸美珈琲店」的藝妓咖啡豆。咖啡與檸檬的酸味，加上杏仁的甜與微苦，形成甜而不膩的滋味。調製時，建議先拿一個盆子打發蛋白再加入雪克杯，並且只放入一顆大冰塊搖盪。

the bar nano. gould.

抹茶燕麥蛋白飲

Protein & Oat milk Mocktail

ABV 0%

★ ☆ ☆

重訓後來杯好喝的營養補給品

MOCKTAIL RECIPE

材　料

大豆蛋白粉（GreenVeggies in PROTEIN）	1tbsp
抹茶粉	1tbsp
鳳梨汁	60ml
燕麥奶（Minor Figures Organic Oat Milk）	60ml
簡易糖漿	10ml

裝飾物

亞麻粉	少許

作法

❶ 將所有材料搖盪後倒入紅酒杯。

❷ 加冰塊，撒上亞麻粉。

調酒師談這杯酒的創作概念

我店裡某位經常上健身房的客人曾提到「希望高蛋白可以好喝一點」、「希望高蛋白也能有不一樣的口味」，於是我創作了這杯無酒精調酒。我用蛋白粉搭配味道比牛奶更清爽的燕麥奶，並做成人人愛的抹茶口味。鳳梨不只可以讓甜感殘留在鼻腔與口舌，本身又很容易發泡，能造就蓬鬆的質地。也可以用冷凍的鳳梨塊代替冰塊，並使用均質機打勻，做出濃稠綿密的口感。

the bar nano. gould.

八角＆雪莉酒醋
Anise & Sherry Vinegar Mocktail

ABV 0%

★ ☆ ☆

用一點酸味點綴萬能的八角糖漿

MOCKTAIL RECIPE

材　料

八角糖漿※ …… 20ml
雪莉酒 …… 略少於10ml
通寧水 …… 90ml

裝飾物

葡萄柚皮 …… 1片

［八角糖漿］
材料：乾燥八角 30g ／簡易糖漿 700ml
① 將所有材料加入鍋中，加熱至沸騰前一刻。
② 關火後靜置一晚再過濾。

作法

❶ 將所有材料倒入裝好冰塊的古典杯，輕拌混合。
❷ 將葡萄柚皮裝飾在杯口。

註：雪莉酒醋可以裝在苦精瓶裡，以便微調口味。

調酒師談這杯酒的創作概念

八角糖漿很適合用於水果類調酒，因為八角的香氣能成為穩固的地基，支撐整杯酒的風味並留下甜美的印象。這次我以八角糖漿作為風味主軸，嘗試搭配水果以外的酸味材料，最後發現雪莉酒醋一拍即合。含新鮮果汁的雞尾酒多少會有點混濁，但用醋就能保留通透的色澤。至於香氣表現上，我也選擇用酸味比檸檬溫和的葡萄柚皮來裝飾。

the bar nano. gould.

紅紫蘇
微氣泡內格羅尼
Red Shiso Lightly Sparkling Negroni

ABV 4.5%

★★☆

用紅紫蘇代替藥草利口酒

COCKTAIL RECIPE

材料

紅紫蘇汁※ …… 30ml
無酒精琴酒（NEMA 0.00%艾碧斯風味款）…… 15ml
琴酒（Monkey 47）…… 10ml
苦酒風味糖漿（MONIN Bitter）…… 10ml
氣泡水 …… 40ml

裝飾物

檸檬皮 …… 1片

作法

❶ 將氣泡水以外的材料加入裝好冰塊的古典杯，攪拌。
❷ 加入氣泡水，輕拌混合。
❸ 將檸檬皮掛在杯緣裝飾。

※[紅紫蘇汁]
材料：紅紫蘇 300g／滾水 2000ml／上白糖 500g／檸檬酸 25g／南方安逸 30ml（亦可不加）
① 將紅紫蘇放入滾水煮約 15 分鐘。
② 濾除①的紫蘇葉，加入上白糖、檸檬酸、南方安逸，煮至沸騰讓酒精揮發。
③ 冷卻後即可冷藏備用。

[內格羅尼經典酒譜]
材料：琴酒 30ml／甜香艾酒 30ml／金巴利 30ml
① 將所有材料加入裝好冰塊的古典杯，攪拌。
② 放入柳橙片裝飾。

調酒師談這杯酒的創作概念

有次我到北海道二世谷，認識的農家送了我一些紅紫蘇。我拿回來做成紫蘇汁後，發現味道濃郁得足以比擬藥草類利口酒，於是靈機一動，開始構思用紅紫蘇汁代替藥草利口酒的酒譜。我琴酒是用Monkey 47，因為它鮮明的葡萄柚香氣、薰衣草香氣剛好是其他材料沒有的，可以增添整杯的風味層次。紅紫蘇汁裡面加入南方安逸是為了增添風味飽滿度，但沒有也沒關係。

the bar nano. gould.

玉米&白巧克力

Corn & White Chocolate Mocktail

ABV 0%

★★★

靈感來自法國餐廳的湯品

MOCKTAIL RECIPE

材　料

奶油烘玉米泥※1	25g
白巧克力糖漿（MONIN）	20ml
鮮奶油	20ml
酸奶油	15g
泰式奶茶糖漿※2	15ml

註：酸奶油可以用優格機自製，只需要將優格加入鮮奶油發酵即可，而且酸度還可以自行調整。

裝飾物

楓糖粒、咖啡粉……皆適量

作法

❶ 將所有材料加入波士頓雪克杯，搖盪均勻。
❷ 倒入雞尾酒杯，撒上裝飾物。

※1[奶油烘玉米泥]
材料：玉米 1 根／無鹽奶油 10g ／鹽 1 小匙／水 適量
① 將奶油放入鍋中，開火加熱融化。
② 倒入玉米粒，加鹽。蓋上鍋蓋至玉米表面烘出焦色。
③ 準備另一個鍋子，將玉米梗折斷後放入鍋子，加入足以淹過玉米梗的水，開火煮到水量剩下原先的 1/4。
④ 將②和③一同加入食物調理機攪拌幾分鐘，並以孔徑較粗的濾網過濾。

※2 [泰式奶茶糖漿]
材料：泰式奶茶茶包（ChaTraMue）25g ／簡易糖漿 700ml
① 將所有材料加入鍋中，加熱至沸騰前一刻。
② 關火後靜置一晚再過濾。

調酒師談這杯酒的創作概念

每次在法國餐廳喝到好喝的維琪冷湯（Vichyssoise）或濃湯，我總會想能不能將那份味道做成一杯酒。但如果只是將蔬菜弄成液體，喝起來還是會像湯不像酒，所以我用酸奶油增加酸度，用白巧克力增添溫和的甜味，藉由泰式奶茶的香草香增添複雜度，建構屬於雞尾酒的風味架構。用其他風味特殊的茶葉取代泰式奶茶應該也挺有趣的。

the bar nano. gould.

肯德基費斯

KFC FIZZ

ABV 0%

★ ★ ☆

炸雞也可以做成琴費斯!?

MOCKTAIL RECIPE

材料

肯德基糖漿※	30ml
無酒精琴酒（NEMA 0.00%基本款）	15ml
檸檬汁	15ml
氣泡水	60ml

作法

❶ 搖盪氣泡水以外的材料，倒入平底杯。
❷ 加入冰塊與氣泡水，輕拌混合。

調酒師談這杯酒的創作概念

日本前陣子因為疫情關係，餐飲業的營業時間與酒精飲品的供應時間都受到限制，當時我眼見附近的肯德基大排長龍，突然冒出將肯德基炸雞做成糖漿的點子。我做過一杯培根風味伏特加搭配番茄汁的調酒，當時客人的反應不錯，所以我這次再度嘗試以肉入酒；最後我以琴費斯為基礎，設計了一杯表現肯德基招牌薄皮嫩雞辛香料風味的調酒。Ⓑ的香料比例可以依個人喜好自由調整。

※[肯德基糖漿]
材料：Ⓐ炸雞（肯德基薄皮嫩雞／皮、肉、骨分乾淨）3 塊／簡易糖漿 700ml
Ⓑ黑胡椒 8g／白胡椒 8g／香蒜粉 4g／薑粉 3g／紅椒粉 3g／全香子 2g／肉豆蔻 2g／鼠尾草 2g／百里香 2g／馬鬱蘭 1g／辣椒粉 1g／簡易糖漿 700ml
① 將Ⓐ加入鍋中，加熱至沸騰前一刻。
② 關火後靜置一晚，以孔徑較粗的濾網過濾後冷凍。
③ 待油脂凝固後再次過濾，重複過濾直到液體毫無雜質。
④ 將Ⓑ加入鍋中，加熱至沸騰前一刻。
⑤ 關火後靜置一晚，以孔徑較粗的濾網過濾後與③混合。

[琴費斯經典酒譜]
材料：琴酒 45ml／檸檬汁 20ml／砂糖 2tsp／氣泡水 適量
① 搖盪氣泡水以外的材料後倒入平底杯。
② 加入氣泡水，輕拌混合。

the bar nano. gould.

檸檬香
桃木芳香沙瓦
Fragrant Lemon myrtle Sour

ABV 2.8%

★ ★ ★

以清酒為基底的檸檬沙瓦

COCKTAIL RECIPE

材　料

純米酒（上川大雪 彗星 特別純米）……………… 20ml
檸檬香桃木蒸餾水※1 ……………… 20ml
薄荷糖漿※2 ……………… 15ml
檸檬酸 ……………… 少量
氣泡水 ……………… 60ml

裝飾物

葡萄柚皮 ……………… 1片

作法

❶ 將氣泡水以外的材料加入攪拌杯，稍微攪拌使檸檬酸溶解。
❷ 加入1顆冰塊，攪拌。
❸ 倒入紅酒杯，放入冰塊，加入氣泡水輕拌混合。
❹ 將葡萄柚皮掛在杯緣裝飾。

※1［檸檬香桃木蒸餾水］
材料：乾燥檸檬香桃木 15g／水 400ml
① 將乾燥檸檬香桃木與水放入蒸餾器進行蒸餾。

註：若無蒸餾設備，亦可用煮得較濃郁的檸檬香桃木茶代替。或將乾燥檸檬香桃木加入底下的薄荷糖漿浸出風味。

※2［薄荷糖漿］
材料：無農藥綠薄荷（或任何方便取得的薄荷）30g／簡易糖漿 700ml
① 用食物乾燥機烘乾綠薄荷（40℃、12 小時）。
② 將①與簡易糖漿加入鍋中，加熱至沸騰前一刻。
③ 關火後靜置一晚再過濾。

調酒師談這杯酒的

這杯是以清酒為基底的檸檬沙瓦。檸檬香桃木含有柑橘類香氣成分「檸檬醛（citral）」，而且含量比檸檬、檸檬草還多；甜的部分如果只加簡易糖漿，整杯喝起來會只有柑橘類的香氣，缺乏層次感，所以我選擇加薄荷糖漿增添複雜度。我推薦平常習慣在居酒屋喝檸檬沙瓦的人試試看這杯。清酒的牌子我推薦「仙禽NATURE」。

the bar nano. gould.

藍靛果
鳳紅雞尾酒

Haskap, Pineapple & Darjeeling Cocktail

ABV 2.1%

★★☆

使用北海道特產水果調製的低酒精調酒

COCKTAIL RECIPE

材　料

藍靛果（冷凍）	20g
鳳梨（冷凍切塊）	50g
紅茶糖漿※	20ml
蘭姆酒（Pampero Aniversario）	10ml
蔓越莓汁	90ml

※[紅茶糖漿]
材料：大吉嶺紅茶葉 20g（約 2 包茶包）／簡易糖漿 700ml
① 將所有材料加入鍋中，加熱至沸騰前一刻。
② 關火後靜置一晚再過濾。

註：步驟②的浸泡時間愈久，茶味與澀味都會愈濃郁，因此請依情況調整浸泡時間。建議泡到比自己覺得剛剛好的味道再濃一點點，這樣用於調酒時風味才會比較清晰。

作法

❶ 用均質機將所有材料打勻。
❷ 以雙層濾網過濾倒入Rock杯。

調酒師談這杯酒的創作概念

我們店裡有一杯用藍靛果和鳳梨製作的調酒很受歡迎，這裡我將它調整成低酒精版本。藍靛果本身具有苦味、澀感，酸味也很明顯，加入鳳梨可以平衡味道，同時賦予整杯酒飽滿的甜韻。鳳梨熟化速度很快，建議切成塊後冷凍保存。紅茶糖漿裡加一點玫瑰果增添風味也不錯；基酒用調和式威士忌或琴酒取代白蘭地也很好喝。

the bar nano. gould.

香橙白雪
Citrusnow

ABV 4.6%

★★★

風味宛如檸檬乳酪蛋糕

COCKTAIL RECIPE

材　料

克萊蒙橙酒（Clement Rhum Creole Shrubb）	15ml
檸檬香桃木糖漿	15ml
柳橙汁	20ml
檸檬汁	10ml
鮮奶油	25ml
打發豆漿鮮奶油（濃久里夢whipclair）	25ml
馬斯卡彭起司	20g
檸檬酸	微量

※[檸檬香桃木糖漿]
材料：檸檬香桃木 10g ／簡易糖漿 700ml
① 將所有材料加入鍋中，加熱至沸騰前一刻。
② 關火後靜置一晚再過濾。

註：若無克萊蒙橙酒，可將1瓶柑曼怡與1顆柳橙（帶皮隨意切塊）一同加入鍋中，小火熬煮至液體剩下一半的量，過濾後即可作為代替材料使用。豆漿鮮奶油亦可以豆漿取代。

裝飾物

乾燥柳橙片	1/2片
乾燥柳橙粉	1小匙多
咖啡粉	微量
花林糖（磨成粉）	微量

作法

❶ 將材料與少許碎冰加入果汁機打勻。
❷ 倒入較大的雞尾酒杯並裝飾。

調酒師談這杯酒的創作概念

我之前和某間法式餐廳合辦餐酒搭活動時，創作了一杯搭配羊肉料理的蘭姆酒調酒，而這杯就是當時作品的低酒精版本。由於材料包含鮮奶油和馬斯卡彭起司，加入太多柑橘類果汁容易出現分離現象，影響成品美觀，所以我用檸檬酸增補酸度。這杯酒的英文酒名是由「柑橘（citrus）」和「雪（snow）」兩個單字組合而成，外觀如雪一般潔白，綿密的口感中藏著柑橘風味，令人聯想到乳酪蛋糕。

the bar nano. gould.

Bartender

富田健一

富田健一自餐飲學校畢業後便進入札幌在地的老酒吧工作約莫 10 年，累積了充足經驗，於 2007 年開設自己的酒吧「the bar nano.」，又於 2013 年開了第二間店「the bar nano. gould.」。他擅長改編經典調酒與甜點類調酒，平時除了以主理人身分站在吧台內服務客人，也擔任餐飲學校的講師、協助餐飲店研發飲品、偕同附近餐廳舉辦餐酒搭活動。

Bar info

the bar nano. gould. 北海道札幌市中央区南 3 条西 4 丁目 J-BOX ビル 4F TEL ： 011-252-7556

Mocktail
&
Low-ABV Cocktail
Recipes

CASE.10

LAMP BAR
Michito Kaneko

LAMP BAR

透明可樂

Clear Cola

ABV 0%

★☆☆

不含人工添加物的自製透明可樂

MOCKTAIL RECIPE

材　料

可樂糖漿※ …… 30ml
萊姆汁 …… 5ml
氣泡水 …… 90ml

裝飾物

萊姆片 …… 1片

作法

❶ 將氣泡水以外的材料與冰塊加入平底杯，攪拌。
❷ 加入氣泡水，輕拌混合。
❸ 放入萊姆片裝飾。

※[可樂糖漿]
材料：水 200ml ／萊姆片 1 顆／檸檬片 1 顆／柳橙片 1/2 顆／小荳蔻、丁香、肉豆蔻、芫荽籽、可樂果（kola nut）各 2.5g ／肉桂 1.5g ／細白砂糖適量／香草精 3 滴
① 將細白砂糖與香草精以外的材料加入鍋中，煮至沸騰後關火靜置一晚。
② 過濾後加入與液體等量的細白砂糖，隔水加熱。
③ 滴入香草精並混合均勻。

調酒師談這杯酒的創作概念

我用新鮮水果和香料製作糖漿，再加氣泡水調成不含任何人工添加物的透明可樂。這份可樂糖漿的配方糖度大約是50%，除了這杯還可以用來調製蘭姆可樂、琴可樂。如果要用於調製短飲雞尾酒，例如可樂風味的黛綺麗（Daiquiri），糖度建議拉高至65%。由於柑橘水果的種子含有果膠，製作時記得去籽，以免糖漿變得濃稠。香草精的香氣容易揮發，因此要留到最後再加。

LAMP BAR

辛香薑汁汽水

Spice Ginger Ale

ABV 0%

★★☆

香氣多采多姿的莫斯科騾子

MOCKTAIL RECIPE

材　料

香料蜂蜜※ …… 30ml
萊姆汁 …… 15ml
薑汁汽水（威金森甘口） …… 60ml
氣泡水 …… 60ml

裝飾物

萊姆片 …… 1片
綜合香料粉
（將香料蜂蜜用的香料磨成粉） …… 適量

註：綜合香料粉的作用只是增添香氣，如果沒有也可以用肉桂、小荳蔻等香氣較強烈的香料代替。

作法

❶ 將香料蜂蜜與萊姆汁加入銅製馬克杯，用打蛋器或其他器具拌勻。
❷ 加入冰塊，再加入薑汁汽水與氣泡水並混合。
❸ 放上萊姆片裝飾，撒上綜合香料粉。

※[香料蜂蜜]
材料：蜂蜜 700ml ／水 330ml ／小荳蔻 5 顆／肉桂（小枝一點的肉桂棒）3 根／八角 1 顆／薑粉 2tbsp ／黑胡椒撒 5 次（研磨器轉 5 圈的份量）／肉豆蔻 1tsp ／紅辣椒 少許
① 將所有材料加入鍋中，以極小火熬煮 3 小時。
② 過濾後即可冷藏備用。

[莫斯科騾子經典酒譜]
材料：伏特加 45ml ／萊姆汁 15ml ／薑汁啤酒 適量
① 將伏特加與萊姆汁加入裝好冰塊的銅杯（或平底杯）。
② 加入薑汁啤酒，輕拌混合。

調酒師談這杯酒的創作概念

我們店裡的莫斯科騾子是以浸漬檸檬香桃木的伏特加為基底，搭配自製香料蜂蜜，而這一杯則是無酒精版本。每種香料的性質不同，有的會直接刺激舌頭，有的則會在尾段留下辛辣感，善加搭配便能創造多采多姿的風味。製作香料蜂蜜時可以先用果汁機將香料打碎再倒入鍋中熬煮，這樣味道更容易釋放，辛香料風味更鮮明。我在調製琴霸克（Gin Buck）和盤尼西林時也會用到香料蜂蜜。這杯酒調好後還可以加入少許安格仕苦精，做成低酒精版本。

LAMP BAR

熱巧克力
Chocolat Chaud

ABV 4.5%

★☆☆

甜中帶點辛香滋味的熱巧克力

COCKTAIL RECIPE

材料

蘭姆酒（戈斯林黑海豹蘭姆酒）	15ml
牛奶	100ml
鮮奶油（植物性）	20ml
巧克力（法芙娜ValrhonaCARAQUE）	8粒

裝飾物

黑胡椒	適量

作法

❶ 將牛奶、鮮奶油、巧克力加入耐熱容器，微波至溫熱狀態。
❷ 以均質機攪拌❶。
❸ 將蘭姆酒加入耐熱杯，點火。倒入茶杯，再倒回耐熱杯。
❹ 將❸加入❷，再倒入茶杯。
❺ 撒上黑胡椒。

調酒師談這杯酒的創作概念

「熱巧克力」既甜美又濃郁，可以在寒冷的日子帶給我們溫暖。我以帶辛香料風味的蘭姆酒為基底，結合有堅果香、風味平衡的巧克力。蘭姆酒點火除了能溫熱茶杯、釋放香氣，也是吧台表演的一環。各位在家裡調製這杯時用火務必小心，不然直接在步驟❶加入蘭姆酒和其他材料一起微波加熱也可以。

LAMP BAR

諾曼第氣泡雞尾酒

Normandy Spritzer

ABV 0%

★ ★ ☆

一杯清爽的氣泡蘋果紅茶

MOCKTAIL RECIPE

材　料

Ⓐ茶糖漿※ 20ml
Ⓐ萊姆汁 15ml
Ⓐ蘋果片 5片
Ⓐ薄荷 .... 2～3截
蘋果汽水 45ml
氣泡水 50ml
玫瑰水 噴3下

※[茶糖漿]
材料：喜歡的紅茶 2.5g ／水 200g ／細白砂糖 適量
① 將紅茶與水一起加入容器，靜置一晚後過濾。
② 加入與①等量的細白砂糖，隔水加熱拌勻。

作法

❶ 將Ⓐ與冰塊加入紅酒杯，攪拌均勻。
❷ 加入蘋果汽水與氣泡水，輕拌混合。
❸ 噴上玫瑰水。

調酒師談這杯酒的創作概念

我參加帝亞吉歐舉辦的「World Class 2015」世界賽時創作了一杯同名雞尾酒，不過這邊介紹的是無酒精版本。原酒譜是以蘋果白蘭地為基底，其他材料幾乎一樣，不過無酒精版的茶糖漿和蘋果汽水有稍微調整用量。這邊的茶糖漿用的是瑪黑茶（Mariage Frères）的「四果茶（FRUITS ROUGES）」，我平常還會準備伯爵茶、正山小種茶的茶糖漿，分別用於3杯不同的調酒。

LAMP BAR

艾碧斯風味
哈密瓜漂浮汽水

Absinthe Melon Cream Soda

ABV 0%

★★☆

將傳統咖啡館飲品化為無酒精雞尾酒

MOCKTAIL RECIPE

材料

艾碧斯甜瓜糖漿※	20ml
氣泡水	120ml

裝飾物

香草冰淇淋	1球
黑鹽	適量
帶梗糖漬櫻桃	1顆

※[艾碧斯甜瓜糖漿]
材料：哈密瓜糖漿（Captain）400ml／八角 1 顆／苦蒿 0.5g／大茴香 0.5g／小茴香 0.4g／檸檬香蜂草 0.3g／牛膝草（Hyssop）0.2g／艾草 0.2g
① 將所有材料加入 Tin 杯，封上保鮮膜。
② 放入滾水，隔水加熱 10 分鐘左右後取出，靜置冷卻。

作法

❶ 將艾碧斯甜瓜糖漿與冰塊加入杯中攪拌。
❷ 加入氣泡水，輕拌混合。
❸ 裝飾。

調酒師談這杯酒的創作概念

這杯酒和下一頁的「檸檬蘇打」都是特別為咖啡館「喫茶52」設計的無酒精調酒。我解構老咖啡館經典不敗的哈密瓜漂浮汽水，又想到哈密瓜和艾碧斯的顏色以及艾碧斯原料中的草本原料、香料風味能相互呼應，便以這份糖漿作為風味主軸。黑鹽除了點綴風味，外觀也比較吸睛，最後再沉入些許哈密瓜糖漿即可做出漸層。我在設計酒譜時也有考量到咖啡館的工作流程，盡可能簡化了做法。（酒譜設計者：安中）

LAMP BAR

檸檬蘇打

Lesqua

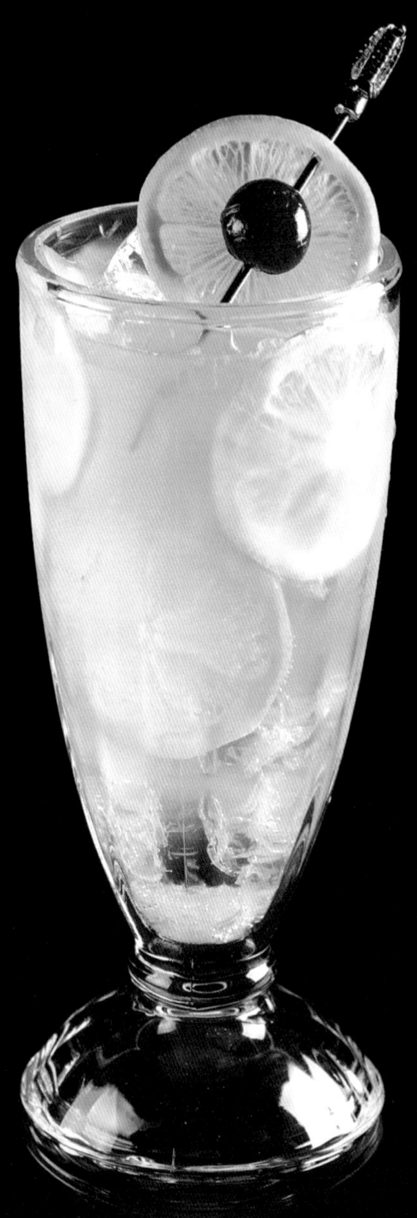

ABV 0%

★ ★ ★

到咖啡館喝一杯大人口味的檸檬氣泡飲

MOCKTAIL RECIPE

材料

檸檬糖漿※1 …… 15ml
琴酒風味氣泡水※2 …… 120ml

裝飾物

糖漬櫻桃 …… 1顆
檸檬片 …… 3片

作法

❶ 將檸檬糖漿與冰塊加入杯中攪拌。
❷ 加入琴酒風味氣泡水，輕拌混合。
❸ 裝飾。

※1 [檸檬糖漿]
材料：檸檬、細白砂糖、水 皆適量
① 將檸檬連皮帶肉切成小塊。
② 測量檸檬皮與果肉的總重，並加入1.1 倍量的細白砂糖。
③ 隔水加熱溶解。

※2 [琴酒風味氣泡水]
材料：水 800ml／芫荽籽 4g／小荳蔻 3g／肉桂 1g／杜松子 8g／檸檬 1 顆／大和當歸 1 片
① 將所有材料加入鍋中，沸騰後轉中火繼續煮 10 分鐘。
② 蓋上鍋蓋後關火，冷卻後做成氣泡水（灌入二氧化碳）。

註：步驟②需使用氣泡水機製作。用一條管子連接二氧化碳鋼瓶與單向氣閥瓶蓋，並將瓶蓋鎖上寶特瓶，即可將二氧化碳打入液體。

調酒師談這杯酒的創作概念

這杯酒的創作主題是咖啡館內的「大人口味檸檬蘇打」。我基於無酒精琴費斯的概念挑選「琴酒風味氣泡水」的材料，然後再結合檸檬糖漿。琴酒最主要的草本原料就是杜松子，此外再搭配帶有柑橘類香氣的芫荽籽、肉桂、清涼的小荳蔻，以及具有類似西芹香氣的奈良產中藥材「大和當歸」。這是特地為興福寺南邊一間新古典主義風格咖啡館「喫茶52」設計的無酒精調酒。（酒譜設計者：安中）

LAMP BAR

類提拉米蘇餅乾雞尾酒

Tiramisu-like Biscuit Cocktail

ABV 0%

★ ☆ ☆

用餅乾做的微霜凍調酒

MOCKTAIL RECIPE

材　料

濃縮咖啡糖漿※ 30ml
杏仁酒風味糖漿（MONINAmaretto）............ 5ml
牛奶 30ml
手指餅乾（Walker's Shortbread）............ 1/2根（約12g）

※[濃縮咖啡糖漿]
材料：濃縮咖啡 100ml ／細白砂糖 20g
① 混合濃縮咖啡與細白砂糖即可。

裝飾物

可可粉、可可豆碎片 .... 皆適量

作法

❶ 將所有材料與碎冰以均質機打勻，倒入寬口雞尾酒杯。
❷ 撒上可可粉與可可豆碎片。

調酒師談這杯酒的創作概念

我們店裡有一杯原創調酒是以貝禮詩奶酒、杏仁香甜酒、自製咖啡伏特加、濃縮咖啡、牛奶、餅乾調製，這杯則是無酒精的版本。我希望簡化複雜度，所以盡可能用最少的材料建構酒譜。其中餅乾是最重要的材料，可以創造韻味、增添飽滿度與口感；而成品外觀也裝飾成類似提拉米蘇的模樣。碎冰的用量可以在攪打過程隨時調整，建議做成接近但不完全是霜凍雞尾酒的口感。

LAMP BAR

蘋果嗨啵

Apple Highball

ABV 4.2%

★ ★ ☆

以自製蘋果氣泡水調製的威士忌蘇打

COCKTAIL RECIPE

材 料

威士忌（克里尼基14年）………… 10ml

蘋果氣泡水※………… 100ml

裝飾物

蘋果乾
（製作蘋果氣泡水時使用的蘋果片
再利用果乾機烘乾製成）………… 1片

※[蘋果氣泡水]
材料：蘋果片 40g ／水 100ml
① 蘋果片泡水冷藏 1 天。
② 過濾後灌氣（填充二氧化碳）。

註：步驟②需使用氣泡水機製作。用一條管子連接二氧化碳鋼瓶與單向氣閥瓶蓋，並將瓶蓋鎖上寶特瓶，即可將二氧化碳打入液體。

作法

❶ 將威士忌加入裝好冰塊的平底杯，攪拌。
❷ 加入蘋果氣泡水，輕拌混合。
❸ 放上蘋果乾裝飾。

調酒師談這杯酒的創作概念

這杯酒是以自製蘋果氣泡水兌帶有甜美花香、蘋果香的「克里尼基14年」。由於蘋果氣泡水帶有蘋果的鮮甜滋味，所以整體風味還是有一定的渾厚度。蘋果風味氣泡水做法簡單，也可以改用柑橘類或其他任何水果，用完的水果還可以做成裝飾物，不會造成任何浪費。威士忌除了克里尼基14年，像格蘭菲迪之類果香豐富的威士忌也是不錯的選擇。

LAMP BAR

開胃菜

Savories

ABV 5%

★ ★ ☆

可以品嘗到大和茶的滋潤風味

COCKTAIL RECIPE

材 料

伏特加（坎特一號）…… 15ml
番茄風味水※…… 30ml
簡易糖漿…… 5ml
大和茶葉…… 2g
熱水…… 10ml
氣泡水…… 60ml

※[番茄風味水]
材料：中玉番茄片 2 顆／水 300ml
① 番茄泡水 1 天。
② 過濾後冷藏保存備用。

裝飾物

大和茶葉…… 適量

作法

❶ 將大和茶葉加入雪克杯，再加入熱水等待30秒～1分鐘。
❷ 加入氣泡水以外的材料，搖盪後雙重過濾倒入裝好冰塊的紅酒杯。
❸ 加入氣泡水，輕拌混合。
❹ 放入大和茶葉裝飾。

調酒師談這杯酒的創作概念

2019年我參加帝亞吉歐主辦的「World Class」，在日本區賽事中以「肯特一號」伏特加為主軸設計了一杯調酒，而這杯則是調整過伏特加用量的低酒精版本。伏特加基底的知名調酒有咖啡馬丁尼、血腥瑪麗，於是我想到可以使用奈良在地的大和茶作為主角，搭配吸收了番茄鮮味的風味水，襯托大和茶細膩乾淨的風味。敬請享受大和茶甘露般的滋味與類似咖啡馬丁尼的綿密口感。（酒譜設計者：安中）

LAMP BAR

慵懶午時
Lazy Noon

ABV 4%

★ ★ ★

獻給所有辛勤打拚的人

COCKTAIL RECIPE

材 料

威士忌（約翰走路12年黑牌）	10ml
乳酸發酵芭樂氣泡水※1	90ml
粉紅胡椒慕斯※2	適量

裝飾物

蛋白霜餅乾	1顆
粉紅胡椒	3顆

作法

❶ 將威士忌加入裝好冰塊的平底杯，攪拌。
❷ 輕輕倒入芭樂氣泡水，輕拌混合。
❸ 擠上粉紅胡椒慕斯。
❹ 裝飾。

※1［乳酸發酵芭樂氣泡水］
材料：白肉芭樂汁 1000ml ／優格 2tbsp ／檸檬酸 0.5g
① 將優格和檸檬酸加入芭樂汁，常溫靜置一晚以上。
② 分離後，攪拌一下再放入冰箱冷藏1～2小時。
③ 以咖啡濾紙過濾後灌氣（填充二氧化碳）。

註：步驟③需使用氣泡水機製作。用一條管子連接二氧化碳鋼瓶與單向氣閥瓶蓋，並將瓶蓋鎖上寶特瓶，即可將二氧化碳打入液體。

※2［粉紅胡椒慕斯］
材料：紅肉芭樂糖漿（Captain Guava）100ml ／水 200ml ／粉紅胡椒 4g ／增稠劑（SOSA PROESPUMA COLD）5g
① 將增稠劑以外的材料以均質機打勻，用金屬濾網過濾。
② 將①與增稠劑加入奶油槍，灌氣（填充二氧化碳）。

調酒師談這杯酒的創作概念

我2021年參加帝亞吉歐舉辦的「World Class」，在日本區賽事「約翰走路挑戰賽」項目中創作了這杯調酒。由於近年很流行發酵飲品，所以我用芭樂汁發酵，做成氣泡如香檳一般綿密的發酵果汁，再擠上風味很合的粉紅胡椒慕斯，裝飾物的部分也放了幾顆粉紅胡椒。這杯酒是特地為了白天辛勤工作的人們設計，希望他們下班後喝了這杯能好好放鬆。（酒譜設計者：高橋）

LAMP BAR

Bartender

金子道人

金子道人 20 歲時在和歌山「BAR TENDER」喝到一杯莫斯科騾子，深受感動，於是決意踏入調酒世界，進入該店工作。加上他後來於奈良「Bar OLD TIME」的工作經驗，前前後後總共磨練了約莫 10 年，2011 年他自立門戶，於近鐵奈良站前開了「LAMP BAR」，2015 年遷至現址。遷店當年，他也在帝亞吉歐主辦的調酒賽事「World Class 2015」中奪下世界冠軍的殊榮。他不停摸索酒吧事業的可能，經常前往企業與酒吧演講，也擔任比賽評審、商業顧問，此外亦規劃網路商店、開發瓶裝雞尾酒。

Special thanks：安中 良史／高橋 慶

Bar info

LAMP BAR 奈良県奈良市角振町 26 いせやビル 1F TEL：0742-24-2200

Mocktail
&
Low-ABV Cocktail
Recipes

CASE.11

memento mori
Yukino Sato

memento mori

正山小種茶尾酒

Lapsang souchong Tea-tail

ABV 0%

★ ★ ☆

重現紅酒風味的無酒精調酒

MOCKTAIL RECIPE

材　料

正山小種茶※1 ………… 40ml
梅洛葡萄汁（Alain Milliat Merlot）………… 20ml
牛肝菌風味液※2 ………… 20ml
龍舌蘭糖漿 ………… 6drops
安格仕苦精 ………… 2dashes

作法

❶ 攪拌所有材料後倒入紅酒杯。

※1［正山小種茶］
材料：正山小種茶葉 3g／熱水（100℃）300ml
① 以茶壺沖泡茶湯。

※2［牛肝菌風味液］
材料：牛肝菌 5g／熱水（100℃）100ml
① 將所有材料加入茶壺萃取風味。

調酒師談這杯酒的創作概念

我以適合搭配肉類料理的紅酒（卡本內蘇維儂）為概念設計了這杯無酒精調酒。「正山小種茶」是用松葉燻製的中國茶，帶有煙燻氣息；牛肝菌具有土地的氣味，梅洛葡萄汁則有酸甜平衡的滋味。這三種材料組合起來能創造豐富的風味層次，不過會在舌頭上留下一種粗糙的觸感，所以我藉助龍舌蘭糖漿的甜來潤飾口感。這杯尾韻很清爽，喝到最後一口都不會膩。

memento mori

菲律賓檸檬沙瓦

Filipino Lemon Sour

ABV 0%

★ ☆ ☆

沒有檸檬的檸檬沙瓦

MOCKTAIL RECIPE

材　料

醋（美酢金桔）	20ml
茉莉花茶	60ml
塔巴斯科辣椒醬	少許
氣泡水	適量

裝飾物

辣椒絲、食用花	皆適量

作法

❶ 將氣泡水以外的材料加入裝好冰塊的平底杯，攪拌。
❷ 加入氣泡水，輕拌混合。
❸ 裝飾。

調酒師談這杯酒的創作概念

金桔（Calamansi）又稱作菲律賓檸檬，因其營養價值豐富而有「奇蹟水果」的稱號。我用菲律賓人氣水果發酵製成的醋，結合菲律賓國花——茉莉花，調成日本人愛喝的檸檬沙瓦風格。塔巴斯科辣椒醬的酸感與金桔不同，還有辛辣味，再搭配辣椒絲點綴不同香氣能創造更複雜的風味層次。

memento mori

栗香熱巧克力

Marron Chocolat Chaud

ABV 3.1%

★ ☆ ☆

含有豐富多酚的熱巧克力

COCKTAIL RECIPE

材料

芋燒酎（李子浸漬赤霧島）※ …… 15ml
栗子蜂蜜（L'abeille）…… 10ml
熱水 …… 80ml
熱巧克力沖泡粉（HOT CHOCOLATE MIX）…… 3tsp

※[芋燒酎（李子浸漬赤霧島）]
材料：芋燒酎（赤霧島）150ml ／李子乾 3 顆
① 將所有材料加入容器，浸泡 3 天後過濾。

作法

❶ 將熱水、熱巧克力沖泡粉加入鍋中加熱，沸騰後關火。
❷ 將栗子蜂蜜加入❶拌勻，倒入茶杯。
❸ 輕輕倒入燒酎，輕拌混合。

調酒師談這杯酒的創作概念

這杯「熱巧克力」加了芋燒酎（地瓜燒酎）和栗子蜂蜜。李子、栗子、巧克力都含有多酚，具備養顏美容與保健效果。赤霧島是以紫地瓜「紫優」為原料製作的燒酎，特色是甜味乾淨，和上述材料的甜味、苦味、濃郁感能完美結合。製作訣竅如同調製熱水兌燒酎，燒酎最後再加，如此便能柔化酒精刺激感並凸顯香氣。

memento mori

碾茶橄欖嗨啵
Tencha Olive Highball

ABV 0%

★★☆

風味醋帶來清新暢快感

MOCKTAIL RECIPE

材　料

橄欖風味醋※1	15ml
冷泡碾茶※2	45ml
通寧水（芬味樹地中海）	50ml
氣泡水	20ml

裝飾物

橄欖	2顆
薄荷	1截

作法

❶ 將風味醋和碾茶加入聞香杯，晃杯混合。
❷ 倒入裝好冰塊的平底杯，加入通寧水與氣泡水，輕拌混合。
❸ 裝飾。

註：也可以直接將風味醋和碾茶加入平底杯混合。

※1[橄欖風味醋]
材料：綠橄欖（La Rocca）10 顆／細白砂糖 50g ／蘋果醋 37.5ml ／水 15ml
① 將橄欖與細白砂糖裝入真空袋，靜置於常溫下 72 小時。
② 待砂糖溶解後，再加入蘋果醋與水混合均勻。

※2 [冷泡碾茶]
材料 ： 水 500ml ／碾茶 15g
① 將所有材料加入容器，冷藏 2 天後過濾。

調酒師談這杯酒的創作概念

橄欖本身帶有油脂，混合酸味強勁的醋可以做出味道豐厚的橄欖風味醋。我嘗試用橄欖風味醋搭配各種茶，最後發現毫無苦味、味道清甜的碾茶是最佳人選。由於橄欖原產於地中海，所以我也加入以地中海當地柑橘、香草為原料製作的芳香通寧水。風味醋製作完成後至多可冷藏保存1個月，除了用來調製這杯，也可以加入白蘇維儂葡萄汁或搭配奇異果、葡萄柚、番茄等果汁。

memento mori

辛味樹

Spice Tree

ABV 2.4%

★★★

運用同色系材料堆疊風味層次

COCKTAIL RECIPE

材 料

- 可可豆殼茶（HAWAIAN COCO）…… 50ml
- 杏桃蜂蜜酒（Mella Mead）…… 10ml
- 辛香可可糖漿（TomoéSaveur）…… 5ml
- 百香果果泥（Boiron）…… 5ml
- 橘子…… 1/2顆
- 孜然酊劑※…… 5drops

※[孜然酊劑]
材料：伏特加（灰雁）100ml ／孜然 10g
① 將所有材料加入容器，浸泡 1 週以上後過濾。

作法

❶ 將所有材料加入波士頓雪克杯，以均質機打勻。
❷ 充分搖盪後雙重過濾倒入雞尾酒杯。

調酒師談這杯酒的創作概念

我設計調酒時經常會結合同色系的材料，例如這杯酒就是以我腦中浮現的一些橘黃色系材料組成。風味主軸是帶點木質香、發酵感的「可可豆殼茶（Cacoa Husk Tea）」，營造一棵樹木上處處長著不同果實的意象。孜然酊劑可以在酒液回溫後增添複雜的尾韻，形成這杯具有辛香調、果香調，還有一點發酵風味的低酒精調酒。

memento mori

麴拿鐵

Koji Flower Latte

ABV 0%

★★☆

溫柔的甘酒與抹茶香

MOCKTAIL RECIPE

材　料

材料	份量
甘酒（田酒甘酒）	40ml
玉露糖漿※	10ml
通寧水（芬味樹接骨木花）	50ml
水	45ml
抹茶	1.5g

※[玉露糖漿]
材料：玉露 10g ／簡易糖漿 100ml
① 將所有材料加入容器浸泡約 1 週後過濾。

作法

❶ 將甘酒與糖漿加入裝好冰塊的平底杯，攪拌。
❷ 加入通寧水，再次攪拌均勻。
❸ 取水點茶，緩緩倒入平底杯。

調酒師談這杯酒的創作概念

甘酒又稱「可以喝的點滴」，具有消除疲勞、養顏美容、整腸健胃等保健功效，而這杯就是以甘酒為基底調製的健康無酒精調酒，靈感來自風靡飲料業界的抹茶拿鐵。我以冷泡方式萃出抹茶的甘甜與韻味，搭配接骨木花風味的通寧水調成清爽的口感，玉露糖漿則可以增添不同的茶韻。題外話，玉露糖漿也很適合加入伏特加蘇打調味，或搭配桃子、梨子、蘋果等味道溫和的水果。

memento mori

戲仿葡萄老酒

Gimmic Wine

ABV 0%

★ ★ ★

體驗老酒般的陳年韻味

MOCKTAIL RECIPE

材　料

鳳慶古樹紅茶※1 ………… 70ml
白蘇維儂葡萄汁（Alain Milliat）………… 15ml
陳酒風味糖漿※2 ………… 7ml
檸檬酸液※3 ………… 3ml

作法

❶ 所有材料攪拌後倒入大型香檳杯。

※1[鳳慶古樹紅茶]
材料：鳳慶古樹紅茶葉 5g ／熱水（100℃）200ml
① 以茶壺沖泡茶湯。
② 總共沖泡 4 次，並混合第 1 泡至第 4 泡備用。

※2 [陳酒風味糖漿]
材料：簡易糖漿 200ml ／芒果乾 50g ／蘋果乾 30g ／紅毛丹乾 10g ／橙花蜜 30g ／百香果 1/2 顆（可用果泥取代）／索甸貴腐甜白酒（DOURTHE）30ml ／ 干邑白蘭地（Ragnaud Sabourin 35 年）10ml ／蘇格蘭威士忌（QE2）5ml
① 將所有材料加入容器內浸泡 4 天後過濾。

註：貴腐酒、干邑白蘭地、蘇格蘭威士忌皆為事先加熱讓酒精揮發後的分量。

※3 [檸檬酸液]
材料：檸檬酸 4.2g ／水 210ml
① 將檸檬酸確實溶於水即完成。

調酒師談這杯酒的創作概念

高年份的干邑白蘭地和威士忌往往帶著一股「熟成香（Rancio）」，那種香氣相當特殊且尾韻悠長。我希望不能喝酒的客人也可以品嘗到這種類似熱帶水果的風味，所以用了各種水果和高年份酒款編排出相似的風味，做成陳酒風味糖漿，當作這杯無酒精調酒的風味主軸。我還用中國老茶樹紅茶增添近似橡木桶的香氣與單寧，而芒果的風味也會令人聯想到老酒。檸檬酸液則是能調整酸度又不會令液體混濁的方便材料。

memento mori

玉露&
可可果馬丁尼

Gyokuro & Cacao Pulp Martini

ABV 0%

★★☆

柔和茶韻中飄出甘甜氣味

MOCKTAIL RECIPE

材 料

玉露※1 …… 50ml
可可果果泥（PALO SANT） …… 10ml
玉露糖漿※2 …… 5ml
鹽漬櫻花 …… 1個

裝飾物

抹茶粉 …… 適量

作法

❶ 雞尾酒杯外側半邊撒上抹茶粉裝飾。
❷ 將所有材料攪拌後雙重過濾倒入❶。

※1［玉露］
材料：玉露茶葉 10g ／熱水（略高於50℃）70ml
① 以茶壺沖泡茶湯。
② 總共沖泡 3 次，並混合第 1 泡至第 3 泡備用。

※2［玉露糖漿］
材料：玉露 10g ／簡易糖漿 100ml
① 將所有材料加入容器浸泡約 1 週後過濾。

調酒師談這杯酒的創作概念

玉露或煎茶、碾茶都很適合搭配酸味柔和的水果，我想到可可果那種像荔枝又似山竹的酸甜滋味，搭配玉露能相互拉提彼此的風味，所以將兩者做結合。玉露糖漿和鹽漬櫻花可以進一步烘托玉露的茶韻與可可果的甘甜。泡茶時，每一泡的味道、萃取出來的成分都不盡相同，所以我會將第1泡至第3泡的茶湯混合均勻後再加以運用。

memento mori

三重黑天鵝絨

Triple Black Vervet

ABV 2%

★★★

用3種黑色材料詮釋黑色天鵝絨

COCKTAIL RECIPE

材 料

綜合風味茶※1	30ml
深焙麥芽風味糖漿※2	30ml
酒石酸溶液※3	5ml
白蘇維儂葡萄汁（Alain Milliat）	5ml
栗子利口酒（MarienhofKastanienLikor）	2ml
氣泡水	適量

作法

❶ 將氣泡水以外的材料先加入一個杯子，晃杯混合。

❷ 一手拿❶、一手拿氣泡水，同時注入香檳杯。

調酒師談這杯酒的創作概念

這是經典調酒「黑色天鵝絨（Black Velvet）」的低酒精改編版。其實也有一些簡單的做法，例如加熱司陶特啤酒讓酒精揮發，或以無酒精香檳取代原本的香檳，但我希望這杯喝起來還是夠豐厚，所以結合了鐵觀音、深焙麥芽、健力士黑啤酒3種風味濃郁的黑色材料。酒石酸溶液的酸度比檸檬酸低，可以替整杯酒增添柔和的酸度並勾勒出風味輪廓。

※1［綜合風味茶］
材料：鐵觀音茶葉 6g／咖啡豆 4 顆／黑胡椒少許／熱水（100℃）100ml
① 將所有材料加入茶壺萃取風味。
② 總共沖泡 3 次，並混合第 1 泡至第 3 泡備用。

※2［深焙麥芽風味糖漿］
材料：烘烤至焦化的麥芽（Chocolate Malt）75g／細白砂糖 250g／水 100ml／健力士啤酒 350ml／黑胡椒少許
① 將所有材料加入鍋中，開中火煮沸，接著轉小火繼續煮約 5 分鐘。
② 冷卻後冷藏備用。

註：保存期限約 2 週。

※3［酒石酸溶液］
材料：酒石酸 4.2g／水 210ml
① 將酒石酸確實溶於水即可。

［黑色天鵝絨經典酒譜］
材料：司陶特啤酒 1/2／香檳 1/2
① 一手拿啤酒、一手拿香檳，同時注入平底杯或皮爾森啤酒杯。

memento mori

晚酌古巴太陽

Daiyame Sol-Cubano

ABV 4.2%

★★☆

基底為浸漬桂花的鹿兒島芋燒酎

COCKTAIL RECIPE

材　料

Ⓐ芋燒酎（桂花DAIYAME）※ …… 10ml
Ⓐ芋燒酎（DAIYAME） …… 5ml
Ⓐ葡萄柚汁 …… 50ml
通寧水（芬味樹） …… 50ml
芋燒酎（DAIYAME） …… 噴2下

裝飾物

桂花 …… 適量

作法

❶ 將Ⓐ攪拌後輕輕倒入裝好冰塊的大紅酒杯。
❷ 加入通寧水，輕拌混合。
❸ 噴上芋燒酎。
❹ 裝飾。

※[桂花 DAIYAME]
材料：芋燒酎（DAIYAME）100ml ／乾燥桂花 2g
① 將桂花加入燒酎，常溫浸泡一晚後過濾。

[古巴太陽經典酒譜]
材料：白蘭姆酒 45 ～ 60ml ／葡萄柚汁 60ml ／通寧水 適量
裝飾物：葡萄柚汁 1 片／薄荷 1 截
① 將所有材料加入裝好冰塊的大平底杯，輕拌混合。
② 將葡萄柚片蓋在杯口，插入吸管，放上薄荷裝飾。

調酒師談這杯酒的創作概念

「古巴太陽（Sol Cubano）」是神戶酒吧「SAVOY 北野」主理人木村義久先生的創作，我將它改編成低酒精版的調酒。燒酎雖然酒精濃度較低，但只要一點點就能帶來強勁的口感，因此非常適合用來調製這一杯。而且我選擇單醇類（monoterpene alcohols）含量特別豐富、以華麗香氣著稱的「DAIYAME」作為基底，並浸泡桂花，打造花束般的繁複風味。桂花DAIYAME也很適合搭配含有芳樟醇（linalool）的麝香葡萄、薄荷、金柑等水果。

memento mori

Bartender

佐藤　由紀乃

佐藤由紀乃的調酒師生涯起點始於東京車站旁的「東京香格里拉飯店」。2011 年她作為「code name MIXOLOGY akasaka」創業團隊的一員加入 SPIRITS & SHARING inc.，此後致力於開發雞尾酒，並以資深調酒師身分穿梭於公司旗下各間酒吧。她也積極參與調酒比賽，曾打進「BOLS AROUND THE WORLD」日本決賽。2016 年，她還受邀前往莫斯科四季飯店擔任客座調酒師。

Bar info

memento mori 東京都港区虎ノ門 1-17-1 虎ノ門ヒルズ ビジネスタワー 3F TEL ： 03-6206-6625

Mocktail
&
Low-ABV Cocktail
Recipes

CASE.12

Park Hotel Tokyo **The Society**

Koji Nammoku

The Society

花見酒
Hanamizake

ABV 4.7%

★★☆

靈感源自平安時代的飲料「醍醐」

COCKTAIL RECIPE

材　料

貴釀酒（八海山）	20ml
櫻花利口酒（Japanese Craft Liqueur奏）	10ml
甘酒	45ml
牛奶	30ml
澄清鳳梨汁※	20ml
日本苦精櫻花	1dash

※[澄清鳳梨汁]

材料：鳳梨汁 1 瓶

① 準備好咖啡濾杯與濾紙。

② 將果汁倒入①過濾後裝瓶。

裝飾物

金芝麻	適量
鹽漬櫻花	1朵

作法

❶ 杯口沾上金芝麻。

❷ 將所有材料搖盪後倒入裝好冰塊的❶。

❸ 放一張和菓子用的懷紙到盤子上，再擺上❷，附上鹽漬櫻花和黑文字（烏樟）裝飾。

調酒師談這杯酒的創作概念

據說平安時代流行用牛奶兌甘酒，調成一種叫「醍醐」的飲料。日文有一個用來形容極致美味的詞叫「醍醐味」，據說就是源自這種飲料。我想像如果調酒師生活在平安時代，或許能在貴族賞花時為他們端上這樣的調酒。喝到一半可以將鹽漬櫻花丟入杯中增添鹹味，享受不一樣的風味。這杯酒類似和風版的「鳳梨可樂達」，而原版的鳳梨可樂達是用蘭姆酒、鳳梨汁、椰奶調製而成。

The Society

日光滿屋

Sun room

ABV 0%

★★☆

使用沙棘調製的健康無酒精調酒

MOCKTAIL RECIPE

材　料

沙棘汁	30ml
百香果果泥（Les vergers Boiron）	10ml
番茄	1/2顆
軟水	30ml
龍舌蘭糖漿	5ml
鹽（鹽之花）	適量

裝飾物

番茄乾	1片
香葉芹	1把

作法

❶ 將番茄磨成泥，加入波士頓雪克杯。

❷ 加入剩下的材料，搖盪後倒入裝好冰塊的古典杯。

❸ 裝飾。

調酒師談這杯酒的創作概念

「沙棘」是營養價值極高的超級食物。我以沙棘果泥為主，搭配其他具有夏日風情的材料，且希望呈現水果最原始的新鮮滋味，所以盡可能都用天然的材料。沙棘強勁的酸味結合百香果醇厚的香氣、番茄的鮮味，交織出健康而嶄新的風味。少許龍舌蘭糖漿可以增添厚度，鹽巴則可以提味。推薦喜歡喝蔬果汁的朋友試試看這一杯。

The Society

魔幻時刻

Hocus Pocus

ABV 0%

★ ★ ★

僅僅1tsp就能賦予強勁的香氣

MOCKTAIL RECIPE

材　料

青蘋果果泥（Les vergers Boiron）	30ml
極軟聖羅勒風味水※1	60ml
夏威夷豆糖漿※2	1tsp
橙花水	1tsp
生蜂蜜（Ome farm）	1tsp
無酒精琴酒（NEMA 0.00%基本款）	1tsp

裝飾物

食用花（白）	1枝

作法

❶ 以無酒精琴酒潤杯。

❷ 將剩餘材料加入波士頓雪克杯搖盪，倒入裝好冰塊的❶。

❸ 放入食用花裝飾。

※1 [極軟聖羅勒風味水]

材料：DEESIDE 礦泉水 500ml ／聖羅勒 20g

① 將聖羅勒浸泡在礦泉水中冷藏 3 小時。

※2 [夏威夷豆糖漿]

（亦可用市售杏仁糖漿代替）

材料：生夏威夷豆（剁碎）80g ／水 150ml ／上白糖 150g ／玫瑰水 5ml

① 將所有材料裝袋放入真空機，真空度設定 93%。接著放入滾水加熱 30 分鐘。

② 待①冷卻後，放冰箱冷藏 12 小時，接著倒入果汁機打碎。

③ 用咖啡濾紙過濾，再加入少量的水調整（至糖漿呈現透明貌）。

調酒師談這杯酒的創作概念

由於材料多半是果泥和風味水，整體比重很輕，因此風味清爽又易飲。不過我另外選了4樣香氣鮮明的材料，每一種都只加1tsp，打造細膩的香氣表現。我認為水無論是否具有額外的風味，都可以當作雞尾酒的材料運用。無酒精琴酒之所以用於潤杯而非和其他材料一起混合，是為了保留更明顯的香氣層次。希望各位能細細品嘗這杯香氣四溢、令人感覺置身花田的無酒精調酒。

The Society

雙重 A 面

Double A Side

ABV 0%

★ ☆ ☆

讓濃縮咖啡通寧更好喝

MOCKTAIL RECIPE

材　料

楓糖甜菜風味醋※	15ml
冷萃咖啡	30ml
通寧水（芬味樹）	90ml

※[楓糖甜菜風味醋]
材料：楓糖漿 250g／甜菜汁 50g／蘋果醋 50ml
① 將所有材料混合均勻後即可裝瓶備用。

裝飾物

藍莓	3顆
甜羅勒	1片
可可粒（剁碎）	適量

作法

❶ 將風味醋和通寧水加入裝好冰塊的平底杯，輕輕拌勻。
❷ 讓咖啡漂浮在上層。
❸ 放上藍莓與甜羅勒裝飾，再削上可可粒。

調酒師談這杯酒的創作概念

「咖啡通寧（Espresso Tonic）」在國外相當普及，但在日本還不常見。我想把咖啡通寧做得更好喝，於是創作了這杯無酒精調酒。在分層的狀態下直接喝，可以嘗到明顯的咖啡風味與通寧水本身的苦味，攪拌均勻後，楓糖甜菜風味醋的酸味與草根味會讓整體風味更完整。這一杯可謂咖啡和楓糖甜菜風味醋的強強組合，兩者都是足以擔綱風味主角的材料。

The Society

柚香椰奶

Yuzu Coconuts

ABV 0%

★☆☆

享受3種風味輪番上陣的樂趣

MOCKTAIL RECIPE

材 料

椰子果泥（Les vergers Boiron）	30ml
葡萄柚汁	45ml
柚子糖漿※	1tsp
簡易糖漿	1tsp
氣泡水	30ml

※[柚子糖漿]
材料：100%柚子汁 200ml／上白糖 150g
① 充分攪拌至上白糖完全溶解。

裝飾物

檸檬葉	1片
粉紅胡椒	適量
椰蓉	適量

作法

❶ 將氣泡水以外的材料搖盪後倒入裝好冰塊的紅酒杯。
❷ 加入氣泡水輕拌混合，裝飾。
❸ 炙燒椰蓉。

調酒師談這杯酒的創作概念

喝這杯酒的時候，我們會在靠近杯口時、含在嘴裡時、吞下後氣味穿過鼻腔時依序感受到柚子、葡萄柚、椰子3種不同的風味。利用時間差分別強調單一香氣，而不是將多種複雜的風味整合在一起，就能避免成品印象流於單調。柚子和酢橘等柑橘類果汁很容易因為加熱散失香氣，所以我的柚子糖漿做法比較單純，直接將較易溶解的上白糖加入果汁攪拌混合。

The Society

草莓伯爵

Earl Strawberry

ABV 0%

★☆☆

將不同路線的材料統整成一個風味

MOCKTAIL RECIPE

材　料

草莓果泥（Les vergers Boiron）……… 20ml
格雷伯爵茶（沖泡後急速冷卻）……… 70ml
簡易糖漿……… 10ml
巴薩米克醋……… 1tsp

裝飾物

食用玫瑰……… 1朵
黑胡椒……… 適量

作法

❶ 將所有材料搖盪後倒入裝好冰塊的紅酒杯。
❷ 裝飾。

調酒師談這杯酒的創作概念

若全部使用性質相近的材料，成品喝起來就會很像一杯單純的綜合果汁。所以我選擇用比較有特色、帶點佛手柑風味的伯爵茶，結合草莓、巴薩米克醋等風味路線截然不同的材料。草莓是水果，假如酸味材料又使用檸檬或其他水果，整體風味會顯得扁平。所以我認為創作無酒精調酒的關鍵，就在於避免使用性質太類似的材料。

The Society

老湯姆貓

Old Tom Cat

ABV 3.8%

★ ★ ★

注重永續發展的
環保版湯姆柯林斯

COCKTAIL RECIPE

材　料

檸檬雪酪※1	5tsp
琴酒（Monkey 47）	10ml
澄清牛奶潘趣※2	40ml
地中海通寧水濃縮液※3	20ml
氣泡水	30ml

裝飾物

綠色葡萄乾（帶梗）	適量
檸檬皮	1片

作法

❶ 將檸檬雪酪加入香檳杯，整杯放入冷凍庫備用。

❷ 將琴酒、澄清牛奶潘趣、地中海通寧水濃縮液加入雪克杯搖盪。

❸ 將❷倒入❶，加入氣泡水輕拌混合。

❹ 裝飾。

調酒師談這杯酒的創作概念

這一杯低酒精調酒改編自經典調酒「湯姆柯林斯（Tom Collins）」。湯姆柯林斯的基酒為老湯姆琴酒（較易飲的含糖琴酒），以前英國販賣老湯姆琴酒的店前面會掛一塊人稱「Old Tom Cat」的黑貓造型招牌，因此我將這杯酒命名為Old Tom Cat致意這段歷史。我也希望響應永續發展的理念，所以不只特別用無農藥檸檬，連皮也加以利用不浪費，此外還善加利用了一些快過期的香料和已經消氣的通寧水。

※1[檸檬雪酪]

材料：無農藥檸檬汁 150ml ／無農藥檸檬的果皮 25g ／水 400ml ／簡易糖漿 160ml ／水飴 60g

① 削下無農藥檸檬的皮，將皮和其他材料一起加入果汁機打勻。

② 倒入容器，冷凍。

③ 每隔 1 個小時拿出來翻攪，然後再放回冰箱繼續冰。

※2 [澄清牛奶潘趣]

材料：椰子水 800ml ／檸檬汁 250ml ／簡易糖漿 150ml ／檸檬皮 3 顆／柳橙片 2 顆／肉桂棒 2 根／月桂葉 5 片／粉紅胡椒 8g ／杜松子 5g ／小荳蔻 5g ／黑胡椒 5g ／丁香 4g ／八角 4g ／檸檬葉 3g ／牛奶 200ml

① 將牛奶以外的材料裝袋放入真空機，真空度設定 93%（或裝進夾鏈袋並確實排出空氣），冷藏 24 小時。

② 將①過濾倒入容器。

③ 牛奶以中小火慢慢加熱至 60℃。

④ 將③加入②，攪拌後冷藏一陣子。

⑤ 內容物分離後，用咖啡濾紙過濾。

⑥ 加入簡易糖漿、檸檬酸（額外添加）調整成自己喜歡的味道。

※3 [地中海通寧水濃縮液]

材料：芬味樹地中海通寧水 1 瓶（已經沒氣的也可以）

① 將通寧水倒入小鍋子，熬煮至分量剩下一半。

② 冷卻後裝瓶備用。

The Society

工藝可樂沙瓦

Crafted coke sour

ABV 5.0%

★ ★ ★

假如調酒師生活在平安時代

COCKTAIL RECIPE

材　料

燒酎（浸漬大和當歸）※1	15ml
藥膳可樂風味糖漿※2	40ml
氣泡水	65ml

裝飾物

牛蒡乾※3	適量
辣椒絲	適量

作法

❶ 將燒酎和藥膳可樂風味糖漿攪拌均勻。

❷ 將❶倒入裝好冰塊的陶器，再加入氣泡水輕拌混合。

❸ 裝飾。

※1［燒酎（浸漬大和當歸）］

材料：燒酎（SG SHOCHU 麥）1 瓶／大和當歸 15g

① 將所有材料加入一個容器，浸泡 4 小時後過濾裝瓶。

※2［藥膳可樂風味糖漿］

材料：水 300ml／肉桂棒 1 枝／香草莢 1/2 條／薑 25g／可樂果 7g／黑胡椒 6g／小荳蔻 5g／芫荽籽 4g／丁香 2g／辣椒 0.5g／肉豆蔻微量／柳橙片 1/2 顆／細白砂糖 150g／檸檬酸 5～8g

① 將細白砂糖與檸檬酸以外的材料加入鍋中，小火加熱 30 分鐘。

② 加入細白砂糖後轉中火加熱 5 分鐘，接著裝袋放入真空機，真空度設定 93%（或裝進夾鏈袋並確實排出空氣），冷藏 24 小時。

③ 以濾茶網過濾後加入檸檬酸。

※3［牛蒡乾］

材料：牛蒡 適量

① 清除牛蒡表皮的塵土，如果皮太厚可以削掉一點。

② 牛蒡縱向削成薄片，泡入糖水（約糖漿：水＝1：10 的比例）稍微浸漬。

③ 輕輕擠出牛蒡片多餘的水分，放入果乾機以 70℃的溫度乾燥 4 小時。

調酒師談這杯酒的創作概念

辛香料在平安時代已經傳入日本，當時每一種香料都屬於非常珍貴的藥材。我不禁猜想，或許當時也有類似可樂概念的飲料。奈良縣在地的大和當歸具有特殊的芹菜香，這種香氣和可樂很搭，所以我拿來浸漬一款香氣類似威士忌的燒酎。藥膳可樂風味糖漿也可以直接加蘇打水調成自製工藝可樂享用，或用於「古典雞尾酒（Old Fashioned）」等經典調酒，增添複雜的辛香料調性。

The Society

恩尼格碼

Enigma

ABV 5.6%

★★★

令人神魂顛倒的謎樣香氣與滋味

COCKTAIL RECIPE

材　料

琴酒（亨利爵士夏至琴酒）	10ml
覆盆莓果泥（Les vergers Boiron）	35ml
冷泡正山小種茶※	25ml
簡易糖漿	10ml
味醂（三州三河味醂 1年熟成）	5ml
巧克力苦精（Bob's）	1dash

※[冷泡正山小種茶]
材料：軟水（冷藏）200ml／正山小種茶葉 5g
① 將所有材料加入一個容器，放冰箱靜置 3 小時萃取。

裝飾物

印度芒果粉	適量

作法

❶ 杯口沾上一圈印度芒果粉。
❷ 將所有材料搖盪後倒入❶。

調酒師談這杯酒的創作概念

這杯酒結合了兩種香氣大相逕庭的材料：香氣甜美的覆盆莓、帶煙燻味的正山小種茶，然後再搭配擁有鮮明花香、糖果感的琴酒，並以味醂帶出醇厚度，以印度芒果粉（青芒果乾磨成粉）強調酸味。雖然酒精濃度不高，但口感相當厚實、沉穩，喝起來很有滿足感，連某位研究味覺的大學教授喝了這杯也讚不絕口。

The Society

芒果與猴王

Mango & King of Monkeys

ABV 0%

★ ★ ★

藉由乳清創造清新脫俗的滋味

MOCKTAIL RECIPE

材　料

芒果＆香蕉風味糖漿※1 ……… 30ml
軟水 ……… 50ml
乳清 ……… 10ml
無酒精琴酒
（NEMA 0.00%威士忌風味款／綜合香料）※2 ……… 1tsp

裝飾物

乾燥香蕉片※3 ……… 1片
咖哩葉 ……… 1片

作法

❶ 將芒果＆香蕉風味糖漿、軟水、乳清加入裝好冰塊的紅酒杯，攪拌。
❷ 讓無酒精琴酒漂浮在上層。
❸ 裝飾。

※1［芒果＆香蕉風味糖漿］
材料：水500ml／芒果果泥（Les vergers Boiron）150g／香蕉果泥（Les vergers Boiron）100g／上白糖250g／蘋果酸5g
① 果泥解凍後和水一起加入果汁機打勻，接著用咖啡濾紙過濾。
② 加入上白糖，接著裝袋放入真空機，真空度設定93%（或裝進夾鏈袋並確實排出空氣）。
③ 舒肥（80℃、30分鐘）。
④ 加入蘋果酸，拌勻後冷藏保存。

※2［無酒精琴酒（NEMA 0.00%威士忌風味款／綜合香料）］
材料：無酒精琴酒（NEMA 0.00%威士忌風味款）60ml／Dish(es) Spices(es) WEDNESDAY 1g
① 將所有材料充分攪拌後用咖啡濾紙過濾，裝瓶。

※3［乾燥香蕉片］
（亦可用市售香蕉乾代替）
材料：香蕉1根
① 將香蕉縱切成薄片。
② 放入果乾機，設定70℃乾燥6小時。

調酒師談這杯酒的創作概念

這杯作品的靈感來自印度寓言故事「芒果與猴王」。芒果香蕉與乳酸的風味、酸味很合，而乳清有優格的味道，質地又比優格輕盈，只要加一點就能讓無酒精調酒的風味擺脫平淡的印象。這杯喝起來先是辛香料的香氣，再來是果香，最後以乳酸的風味收尾，幾種相輔相成的風味輪番出現，共構一套令人忍不住一口接一口的風味架構。

東京 Park Hotel-Bar The Society

Bartender

南木浩史

東京汐留「東京 Park Hotel-Bar」酒吧經理。南木浩史於大學時期留美，取得紐約調酒學校（New York Bartending School）的文憑。他傾心鑽研經典調酒，更走訪歐洲學習調飲風味學（Mixology）。他在大小比賽中屢創佳績，隨後創立 Gastronomy Algorithm，開始至世界各地從事調酒相關活動，如協助企業設計雞尾酒、聯手廚師研擬餐酒搭配、擔任客座調酒師、舉辦研討會、開發調酒器具等等。

Bar info

東京 **Park Hotel-Bar The Society** 東京都港区東新橋 1-7-1 汐留メディアタワー 25F TEL ： 03-6252-1111（代表）

Chef's Choice & Food Pairing

The Royal Scotsman
Tomohiro Onuki

本章由專業主廚

從前面12位調酒師的作品中

分別選出一杯，

並設計一道最適合搭配該調酒的料理。

每一份食譜都很簡單，

一般民眾也能在家輕易重現。

Peter: The Bar 江戶皇宮

鹽漬昆布涼拌蘘荷＆西芹

鹽漬昆布的鮮味能進一步襯托飲品的清爽風味

FOOD RECIPE

材　料（2人份）

蘘荷……3個
西洋芹……100g
鹽漬昆布……10g
橄欖油……10g

作法

❶ 蘘荷對半切開，斜切成薄片。
❷ 西洋芹撕除老筋，切成薄片。
❸ 將❶、❷與鹽漬昆布加入盆中，再淋上橄欖油攪拌均勻，即可盛盤。

主廚談 餐酒搭配與烹調的重點

八朔橘的酸味較一般柑橘厚實，還帶點苦味，搭配風味清新的薄荷和抹茶，令人聯想到嫩芽、春天等風和日麗的景象，所以我也用翠綠的西洋芹搭配辣味清爽的蘘荷，再以鹽漬昆布點綴風味。材料拌勻後建議盡快食用，因為蘘荷和西洋芹放太久容易出水。蘘荷可以切厚一點，保留更多口感。

BAR NEKOMATAYA 瑪麗露 × 香脆豬肉沙拉

模仿東南亞攤販的BBQ風格

FOOD RECIPE

材　料（2人份）

豬肉（五花肉片）	150g
紫洋蔥	1/2顆
洋蔥	1/2顆
芝麻菜（切成4～5cm）	1束
櫻桃蘿蔔	2顆
鹽	1/2小匙
黑胡椒粗粒	少許
沙拉油	適量
沙拉醬※	製作分量

※[沙拉醬]
材料：蒜泥 1/2 瓣／橄欖油 2 大匙／麻油 1 大匙／白酒醋（亦可用米醋等白醋代替）1 大匙／白芝麻醬 1 小匙
① 將所有材料加入盆中攪拌均勻。

作法

❶ 將紫洋蔥與洋蔥縱向對開，切成薄片，泡在流動清水中備用。

❷ 豬肉片撒上鹽巴與黑胡椒。平底鍋中加油，熱鍋後放入肉片，以中小火慢慢煎出脆度。

❸ 用廚房紙巾吸去肉片多餘的油脂。

❹ 將❶撈起瀝水，再用廚房紙巾包起來擦乾。

❺ 將❹和芝麻葉、櫻桃蘿蔔、豬肉加入盆中，淋上沙拉醬調味，即可盛盤。

主廚談 餐酒搭配與烹調的重點

鳳梨與萊姆令我想到東南亞的情景和「泰式鳳梨炒飯」之類的泰國料理，所以我設計了一道攤販BBQ風格的小菜。生菜必須確實瀝乾才不會與醬料分離，並避免破壞肉片酥脆的口感。這邊介紹的沙拉醬也很適合淋在清蒸雞肉沙拉上。

Cocktail Bar Nemanja 火焰芒果拉西

×

印度風
酪梨起司醬菜

充滿香料風味的印度醬菜

FOOD RECIPE

材　料（2 人份）

酪梨（選果肉偏硬的）	1顆
莫札瑞拉起司（1.5cm見方的小塊）	100g
薑絲	50g
柳橙（果肉）	1顆
沙拉油	250ml
鹽	1小匙
辣根泥	1小匙
香料粉※	1小匙
紅椒粉	適量

※[香料粉]

材料：紅椒粉 1 大匙／紅胡椒粉 2 小匙／芫荽籽粉 1 小匙／孜然粉 1 小匙／薑黃粉 1/2 小匙／印度綜合香料粉 1/2 小匙

① 將所有材料混合均勻備用。

作法

❶ 將沙拉油、鹽、辣根泥、香料粉加入盆中，混合均勻。

❷ 酪梨對半剖開，取出種子後剝皮，切成16等分再放入❶。

❸ 加入莫札瑞拉起司、薑、柳橙，確實拌勻。

❹ 靜置30分鐘，入味後即可盛盤。

❺ 撒上紅椒粉。

主廚談 餐酒搭配與烹調的重點

我想很多人都會立刻想到拉西配咖哩的組合，不過我做的是能在酒吧裡拿著小叉子輕鬆享用的下酒菜。酪梨濃郁的滋味與柳橙清爽的酸甜相得益彰，輔以薑的香氣與辛辣感、莫札瑞拉起司的口感點綴。建議使用果肉偏硬的酪梨，攪拌時較不容易壓爛。這道小菜做好後約可保存1週。

Craftroom 百香沙瓦

焦糖蘋果乳酪餅

可以一手拿著吃的簡易酒吧小點

FOOD RECIPE

材　料（2人份）

餅乾……4片
奶油乳酪……4小匙
蘋果……1/4顆
奶油……10g
細白砂糖……2小匙
香葉芹……適量

作法

❶ 蘋果削皮、去芯後切丁（約1.5cm見方）。
❷ 熱鍋後放入奶油，奶油融化後即可加入❶與細白砂糖，將蘋果煮透並裹上焦糖。
❸ 倒入長方盤或任何容器，冷卻後放冰箱降溫。
❹ 將奶油乳酪放到餅乾上。
❺ 將❸的蘋果疊上❹，再擺上香葉芹裝飾。

主廚談 餐酒搭配與烹調的重點

百香果味道酸甜且具有獨特的醇厚香氣，和味道清淡的奶油乳酪可以說是經典組合。雖然調酒有加糖漿，但整體來說檸檬的酸味和迷迭香的香氣還是很鮮明，所以搭配的餐點也加了一點甜味。要用什麼品種的蘋果都可以，不過我建議選擇味道酸一點的，這樣包裹焦糖後味道才不會被蓋掉。

CRAFT CLUB 地中海血腥瑪麗 × 芝麻酪梨鮮蝦沙拉

萊姆增添了清新滋味

FOOD RECIPE

材　料（2人份）

酪梨	1顆
萊姆	1/2顆
黑芝麻（炒熟）	適量
草蝦（去腸泥、撒點鹽）	4隻
櫻桃蘿蔔（切薄片）	2顆
芝麻葉（切成適當的長度）	適量
烤胡桃（用手捏碎）	20g
胡桃油	3大匙
鹽	適量
橄欖油	適量

作法

❶ 酪梨對半剖開取出種子，果肉縱切成4等分的月牙形並去皮。
❷ 用菜刀或削皮刀削下1/4顆量的萊姆皮，去除白色內果皮後切絲。萊姆汁榨好備用。
❸ ❶的表面刷上萊姆汁（防止變色），加入少許鹽巴後，選一面沾滿黑芝麻。
❹ 將胡桃油和少許鹽巴加入剩下的萊姆汁，攪拌均勻做成醬料。
❺ 將櫻桃蘿蔔、芝麻葉、烤胡桃放入盆中，加入2大匙的❹調味。
❻ 熱鍋，加入橄欖油，將草蝦表面煎香煎脆。
❼ 夾取❺盛盤，疊上草蝦與酪梨，再淋上剩餘的醬料。

主廚談

餐酒搭配與烹調的重點

這杯酒用了番茄、甜椒、橄欖等地中海蔬菜，而提到地中海，就想到盛產海鮮的義大利、南法、西班牙南部，所以我食材選擇和番茄同屬紅色的蝦子，還有適合搭配蝦子的酪梨。酪梨表面塗上萊姆汁可以減少黏稠的口感，同時防止氧化變色，最後再沾上黑芝麻增添香氣。烤胡桃可以增添酥脆的口感，胡桃油則能提香提味。

LE CLUB 諾哈頓 ×

焦糖烤布蕾

下酒的焦糖香氣與綿密口感

FOOD RECIPE

材　料（3人分）

鮮奶油	187ml
牛奶	62ml
香草莢	1/2條
蛋黃	4顆
細白砂糖	30g
鸚鵡糖	適量

作法

❶ 將蛋黃與砂糖加入盆中，攪拌均勻。

❷ 將牛奶與香草莢加入鍋中，加熱至沸騰後再倒入❶拌勻。

❸ 加入鮮奶油，過濾倒入盆中。盆底浸泡冰水，讓材料確實冷卻。

❹ 將❸倒入耐熱模具，放上烤盤。倒入熱水至模具高度的一半，以140℃烤25～40分鐘（烤到搖晃模具時感覺得出Q彈的質感）。

❺ 出爐後靜置於烤網上冷卻，然後進冰箱冷藏一晚。

❻ 表面撒上鸚鵡糖（拍掉多餘的糖，以免表面焦糖不均勻）。

❼ 以噴槍炙燒表面的糖至焦化。

主廚談

餐酒搭配與烹調的重點

當湯匙戳穿表面酥脆的焦糖，底下就是綿綿滑滑的奶油布蕾。由於這杯酒用了甘甜的玉米茶、帶有甜美香料風味的肉桂、具有果香與厚度的紅酒醋，所以我認為適合搭配口感柔軟、香氣十足的甜點。製作布蕾時有幾個重點，包含在步驟❸和❺必須確實冷卻材料，攪拌與倒入模具時也要盡量避免氣泡產生，成品質地才會「細膩」。烤箱的溫度也必須視情況仔細調整。

TIGRATO 檸香咖啡氣泡飲 × 芫荽香醃鮭魚

清甜香氣包覆鮮魚滋味

FOOD RECIPE

材　料（2人份）

鮭魚（生魚片用魚塊，去骨）……180g
鹽……5.4g（鮭魚重量的3%）
砂糖……5.4g（鮭魚重量的3%）
芫荽籽（整顆）……2.7g（鹽巴重量的1/2）
橄欖油……適量
檸檬果肉……2瓣
平葉巴西利……適量

作法

❶ 將芫荽籽碾碎，加入鹽巴與砂糖混合均勻。
❷ 將鮭魚塊放入長方盤，表面均勻撒上❶。
❸ 包上保鮮膜，放冰箱12小時待入味。
❹ 迅速清洗掉表面的鹽巴，用廚房紙巾確實擦乾水分。
❺ 將鮭魚塊放入另一個乾淨的長方盤，不用包保鮮膜，直接放冰箱12小時。
❻ 將鮭魚塊切成厚度2mm的薄片，淋上橄欖油。
❼ 放上檸檬，撒上平葉巴西利裝飾。

主廚談

餐酒搭配與烹調的重點

我想像自己是在一個熱昏頭的夏天喝這杯檸香咖啡氣泡飲，於是想到可以搭配鮭魚和檸檬。咖啡和香艾酒的酸味以及艾碧斯的草本香，都和鮭魚、貝類等海鮮很搭。鮭魚若照正常方式醃漬（取食材重量10%的鹽巴醃漬）還要視情況沖淡鹹度，比較難掌握，所以這邊我只用風味清甜的芫荽籽和鹽巴簡單抓醃，最後清洗掉表面鹽巴即可。

The Bar Sazerac 鮮味辛香番茄 × 燜燒高麗菜

吸收滿滿美味精華的高麗菜

FOOD RECIPE

材　料（2人份）

高麗菜	300g
洋蔥	1/2顆
培根	50g
香腸	2條
奶油	15g
大蒜	1/2瓣
鹽	少許
黑胡椒粗粒	少許
芥末籽醬	適量

作法

❶ 將奶油與大蒜加入鍋中，開中火加熱。
❷ 炒出香氣後加入培根和香腸，表面煎出輕微焦色。
❸ 加入洋蔥拌炒，讓洋蔥沾附❷的油脂。
❹ 加入高麗菜，撒上鹽與胡椒，蓋上鍋蓋。
❺ 轉小火，利用高麗菜本身的水分燜煮。不時打開鍋蓋翻攪鍋底以免燒焦（總共需10分鐘）。
❻ 盛盤，挖一點芥末籽醬放旁邊。

主廚談 餐酒搭配與烹調的重點

法餐中的「燜（Braiser）」是以少許水量蒸煮食材的調理方法。這杯雞尾酒含有蛤蜊、昆布、番茄等鮮味成分，所以我讓高麗菜充分吸收香腸、培根的風味和大蒜、洋蔥的香氣，以免味道被酒壓過去。使用品質好一點的香腸和培根，高麗菜的味道也會更高級。由於春天收成的高麗菜質地較軟，燜煮過程容易變得太軟爛，所以建議使用其他季節產的高麗菜製作。

the bar nano. gould. 肯德基費斯 ×

柚香胡椒
涼拌高麗菜

將肯德基人氣附餐改編成下酒菜

FOOD RECIPE

材　料（2人份）

高麗菜（切碎）	200g
洋蔥（切末）	50g
紅蘿蔔（切末）	25g
鹽	3g
砂糖	9g
美乃滋	30g
醋	20g
柚子胡椒	1小匙
水煮蛋	2顆

作法

❶ 將高麗菜、洋蔥、紅蘿蔔裝進乾淨的夾鏈袋，加入鹽巴後隔著袋子搓揉。待鹽分充分滲入材料後再放入冰箱冷藏約20分鐘。

❷ 從冰箱取出後再次隔著袋子搓揉，盡量擠出水分。

❸ 倒入濾網瀝除水分，再用力掐出多餘水分。

❹ 盆中加入砂糖、美乃滋、醋、柚子胡椒攪拌均勻，再加入❸與水煮蛋碎塊攪拌均勻。

主廚談 餐酒搭配與烹調的重點

這杯酒複製了肯德基經典薄皮嫩雞的風味，所以我也改編肯德基的代表餐點來搭配。我原本以為用炸雞和香料做成的糖漿會很重口味，但搭配檸檬和氣泡水後喝起來意外清爽，所以我認為很適合搭配美乃滋的脂香風味。這道菜的重點在於盡可能將蔬菜的水分擠乾淨，因為蔬菜出水會導致口感濕黏。醃漬時放在冰箱裡1小時左右會更入味。

LAMP BAR 透明可樂 × 泰式冬粉沙拉

泰國旅遊的回憶激發創作靈感

FOOD RECIPE

材　料（2人份）

綠豆冬粉	25g
草蝦（剝殼、去尾、挑除腸泥）	6隻
雞絞肉	50g
番茄（切成8等分）	1/2顆
紫洋蔥（切成寬度略小於1cm的月牙狀）	1/8顆
西洋芹（斜切成薄片）	1/3枝
香菜（切成適當大小）	適量
檸檬魚露醬※	適量

※[檸檬魚露醬]
材料：魚露、砂糖、檸檬汁各 1 又 1/2 大匙／大蒜（末）1/2 瓣／紅辣椒（切小片） 1/2 小匙
① 將所有材料拌勻備用。

作法

❶ 鍋中加入大量熱水，煮沸後燙冬粉，以濾網撈起瀝水。

❷ 沿用原鍋，依序燙草蝦、雞絞肉，燙至變色後即可撈起並瀝水。

❸ 將❶和❷倒入一個大盆，再加入番茄、紫洋蔥、西洋芹、香菜。

❹ 淋上檸檬魚露醬後充分拌勻，盛盤。

主廚談 餐酒搭配與烹調的重點

我一聽說這杯酒的基底糖漿用了小豆蔻、丁香、肉豆蔻、芫荽籽等香料，立刻想起我去泰國旅遊的回憶。當時我去泰國參加親戚的婚禮，婚禮當天氣溫超過40度，我喝了好幾杯加了萊姆的可樂消暑。涼拌冬粉是很具代表性的泰國菜，香菜的香和辣椒的辣很適合搭配可樂；當地人教我做的魚露檸檬醬也令人食指大動，而且除了淋在沙拉上，也很適合當作煎餃、燒賣、拉麵的醬料。

memento mori 正山小種茶尾酒

×金平蓮藕牛肉

蓮藕吸收了滿滿的牛肉精華

FOOD RECIPE

材　料（2人份）

材料	份量
蓮藕	200g
牛肉（邊角料）	200g
麻油	1大匙
白芝麻	適量
Ⓐ酒	2大匙
Ⓐ醬油	2大匙
Ⓐ味醂	1大匙
Ⓐ砂糖	1大匙

作法

❶ 將蓮藕削成厚度1～2mm的薄片，浸泡於流水3分鐘左右（新鮮蓮藕可以連皮食用）。
❷ 以濾網撈起蓮藕瀝水，再用廚房紙巾擦乾水分。
❸ 鍋中加入麻油，熱鍋炒蓮藕。炒至蓮藕表面開始變透明後起鍋備用。
❹ 將Ⓐ加入鍋中，煮滾後加入牛肉。
❺ 牛肉煮至半熟時，加入❸的蓮藕一起拌炒。
❻ 牛肉熟透後盛盤，鍋中殘餘的醬汁繼續煮至濃稠狀後淋上。
❼ 撒上白芝麻。

主廚談

餐酒搭配與烹調的重點

這杯無酒精調酒模擬了紅酒的風味，而許多人喝紅酒很重視風土，所以我想用一些能感受到大地滋味的食材來搭配。我選用根莖類中口感特別脆、切片造型也很吸睛的蓮藕，結合紅酒的好夥伴牛肉，做成金平風味（鹹甜醬油口味）的小菜。蓮藕會吸收牛肉的美味，所以建議使用味道甘甜、脂肪品質優異的和牛。

The Society 雙重 A 面 × 經典薑蛋糕

適合配咖啡的成熟風微苦甜點

FOOD RECIPE

材　料（18×8×高 6.5cm 的磅蛋糕模 1 個）

材料	份量
豬油	106.5g
低筋麵粉	157.5g
小蘇打粉	10g
蛋	38g
黑蜜	1大匙
紅糖	53g
糖漬生薑（切末）※	53g
牛奶	23g

前準備

❶ 磅蛋糕模內鋪好烘焙紙。
❷ 將豬油放回室溫軟化備用。
❸ 混合低筋麵粉與小蘇打粉並過篩。
❹ 將蛋打入盆中，以打蛋器打散並放回常溫備用。
❺ 烤箱預熱180℃。

作法

❶ 將豬油放入盆中，以打蛋器拌軟。
❷ 加入黑蜜攪拌，再加入紅糖攪拌均勻。
❸ 加入篩好的低筋麵粉與小蘇打，再加入糖漬生薑拌勻。
❹ 加入牛奶與蛋，攪拌均勻後倒入模具。
❺ 將❹稍微抬起，輕輕敲打桌面4～5次，排除麵糊中多餘的空氣。
❻ 用矽膠刮刀或湯匙背面整平麵糊表面，將模具兩端的麵糊稍微推高、讓中間部分稍微凹陷（如此可確保整塊蛋糕烤出來高度一致）。
❼ 送入烤箱，轉150℃烤50分鐘。拿竹籤刺入測試，取出時若無沾黏即可出爐。
❽ 趁熱脫模，放在烤網上冷卻。

※［糖漬生薑］

材料：薑 250g／甜菜糖 200g／檸檬 1/4 顆／肉桂棒 1/2 枝／辣椒（去籽）1/2 根

① 薑的表面清洗乾淨，帶皮削成1mm 左右的薄片。
② 盆中加入①和甜菜糖, 靜置一個小時左右待薑片出水。
③ 鍋中加入②和檸檬、肉桂棒、辣椒，煮至呈現焦糖色（材料容易燒焦，請小心控制火候，並以木頭鍋鏟緩慢攪拌）。

主廚談

餐酒搭配與烹調的重點

這一杯是設計在酒吧裡提供的咖啡調酒，而我認為坐在吧台享用咖啡調酒時，很適合配點屬於大人口味的微苦甜點，所以最後決定以薑蛋糕做搭配。薑蛋糕做法不難，基本上材料拌一拌就好了，而且做好之後隨時可以切片提供。蛋糕體本身會吸收空氣中的水氣，所以我建議烤好後先冷藏3～4天再享用。包保鮮膜的話至多可以冷藏保存10天，也可以切片冷凍保存。供應前建議放回常溫會比較好吃。

The Royal Scotsman

Owner Chef & Bagpiper

小貫友寬

小貫友寬 16 歲便踏入餐飲業，24 歲遠赴法國進修，於「La Regalade」、「Chez Michel」等一流餐酒館學習法國料理。他在法國待了 3 年左右的某天，外出旅遊時巧遇一個風笛演奏團體，從此迷上風笛。他經常於練習完風笛後上一間酒吧，漸漸也開始考慮「回國後在神樂開一間像這樣的店」。他學成歸國後，便於 2011 年開了餐廳「The Royal Scotsman」。餐廳主打蘇格蘭鄉土料理，還有用自己栽種的薑製作的糖漿和糕點，深受消費者喜愛。

Pub info

The Royal Scotsman 東京都新宿区神楽坂 3-6-28 土屋ビル 1F TEL ： 03-6280-8852

無酒精＆低酒精調酒

創作概念 — 調酒師篇 —

筆者訪問前述12位調酒師是如何創作無酒精＆低酒精調酒（p.31～p.294），並加以統整成以下幾個要點。調製無酒精＆低酒精調酒和一般調酒的方法有何不同、如何與綜合果汁做出區別、如何設計風味架構？每位調酒師注重的地方、覺得困難的地方、特別費心的地方都不一樣，這些意見或許也能為我們帶來創作的靈感。

無酒精調酒

搭配風味性質差異大的材料

風味性質接近的材料混合在一起（例如水果加水果），很容易淪為一杯綜合果汁，所以最好能加點變化，比方說添加醋、優格等不同於水果的酸味，或是搭配香草植物。舉例來說，芒果（水果）＋椰子（堅果）＋辣椒（辛香料）就是刻意湊合性質不同的材料，拉開香氣、味道的跨度，如此便能創造更立體的風味層次。另外，也可以嘗試組合風味對比較強的材料，例如甜味搭苦味，油脂類搭酸味。

製造些許「殘留感」

創作時可以添加少許香氣或味道強勁的材料，或是做成濃稠的質地，這樣喝的時候會感覺風味殘留在口中好一段時間，而不是像綜合果汁那樣喝下去後船過水無痕。不過需要注意的是，材料不含酒精時，辛香料的味道會更鮮明，若不注意可能會調出一杯刺激性很強、口感卻很空虛的無酒精調酒。這種調酒即使前面幾口好喝，喝的人也很快感到疲勞，愈喝愈慢。所以風味必須準確拿捏在不會讓人喝膩，又不會讓人覺得無趣的程度。

關注香氣變化

無酒精調酒需要比一般調酒更注重香氣表現。我們可以將香氣感受分成三階段：①靠近杯口時、②含在嘴裡時、③吞下後氣味穿過鼻腔時，並留意要在哪個階段強調哪一種材料的風味。運用溫差、時間差組織香氣漸變的架構，而不是將所有容易組合的材料統整成一個完整的風味，這樣就能避免成品呆板無趣。

無酒精也要能喝得滿足

我們可以藉由創造複雜度、層次感、厚實度、尾韻，做出和綜合果汁壁壘分明的風味。比較簡單的方法就是添加酸味、苦味、辣味的材料。甜味材料大多可以用來增添口感的厚實度，但也容易將整體調性往甜的方向拉，所以必須小心使用。盡可能運用各式各樣的材料堆疊風味層次，且設法創造口齒留香的尾韻。無酒精調酒怎麼調都很難避免口感輕薄，所以最大的課題在於如何讓人留下印象。

構思有趣的外觀與提供方式

杯子、裝飾物、成品顏色等視覺要素也很重要，甚至可以從製作過程開始娛樂客人，例如使用風味泡沫、煙燻泡泡槍（可以製作香氣煙霧＆泡泡），或展現用火技巧。無酒精調酒是一種既非酒、亦非綜合果汁的全新飲品類型，雖然不含酒精，但必須透過香氣、風味帶來喝酒般的錯覺，而每個人對於如何設計架構都有自己的一套想法和擅長的手法。先構思主題或故事再設計酒譜也是一種有趣的方法。

加入少量烈酒建立基本骨架

酒精本身就具備獨一無二的厚度與香氣，很難找到替代品。調製低酒精調酒時應使用少量的烈酒，而非大量低濃度的酒，味道才會有深度，風味架構也會更具體，帶給飲用者滿足感。需注意的是，必須拿捏其他材料的風味與酒感的平衡，盡可能隱藏酒精的刺激。

利用香氣彌補輕薄酒體

不習慣喝酒的人，往往會覺得酒喝起來很苦、很刺激；而平常喝習慣調酒的人，又會覺得低酒精調酒喝不到基酒的第一印象和滋味。香氣會大大影響味覺，既然無法添加太多酒精，就必須加強香氣的呈現加以彌補。有很多方法值得玩味，例如裝飾物、雪花杯、苦精可以選擇印象較強烈的材料，也可以將蘭姆酒或白蘭地裝進噴霧瓶，最後噴灑上去增添醇厚的香氣。

善用潤杯、攪拌、漂浮等技法

我們不見得要將所有材料加在一起搖盪，也可以將部分材料用於潤杯，創造更明顯的香氣層次。除此之外，讓威士忌漂浮在上層也可以讓人在第一口明確感受到酒的風味。再者，以搖盪方式調製低酒精濃度雞尾酒容易過度稀釋，所以可依情況多採用攪拌法調製。

無酒精＆低酒精調酒

創作概念 ―味覺專家篇―

無酒精＆低酒精調酒如何理解、如何構成，往往取決於製作者的想法與當下的情況。不過，究竟該怎麼模擬酒精感，創造「明明完全（或幾乎）不含酒精，卻有喝到酒的感覺」？筆者邀請株式會社味香戰略研究所的主任研究員——高橋貴洋先生，與我們分享他的專業見解。

何謂酒精感

我們先定義酒精感為「純乙醇（一種醇類，即我們平常說的酒精。具有獨特的香氣）水溶液的味道」。乙醇與其水溶液會帶給人以下的刺激：

- 味覺、嗅覺、痛覺（溫度感覺）上的刺激。
- 乙醇濃度超過 0.01%就足以令人感受到酒精感。若捏著鼻子品嘗，乙醇濃度則要超過 2.6%才足以令人察覺。由此可知，酒精感亦包含了乙醇在口中揮發時對嗅覺造成的刺激。
- 當乙醇濃度達約 3%以上，我們便能感受到苦味、甜味，5%以上會感覺灼熱，約18%以上則會開始感覺到痛（少數人能從特定濃度中感受到酸味與鹹味）。
- 乙醇會抑制味覺感受，尤其能抑制對苦味的感受（研究推論是因為苦味物質易溶於乙醇）。
- 灼熱感源自於乙醇對痛覺（溫度感覺）的刺激。

因此，酒精飲品含有的乙醇能創造飲品的酒感（刺激），且有助於營造層次感、複雜度及風味（味道＋香氣）。

參考資料：《アルコールと味覚　冨田寛　他 2 名　日本醸造協会雑誌 71 巻（1976）3 号、p.141 – 145》（部分敘述經過筆者修改）

能模擬酒精感的材料

我們必須掌握乙醇水溶液主要具有什麼樣的味道與刺激感，才能設法模擬酒精感。簡單來說，乙醇水溶液主要會帶給我們甜味、苦味、痛覺（溫度感覺）刺激造成的灼熱感，同時也會刺激嗅覺。

不過乙醇水溶液的甜味不強（視濃度與溫度而定），所以理論上一旦加入糖漿或任何甜味材料，我們的味覺便無法分辨甜味是來自乙醇還是其他材料。因此善用苦味、灼熱感等人類天生認為對自己有害、感受也較敏銳的元素，較容易模擬酒精感。前面提過，灼熱感源自於乙醇刺激痛覺（溫度感覺），所以我們可以用其他會刺激溫度受體 TRPV1（詳見表 1）的材料來代替。

表 1. 刺激溫度受器通道 TRP channel 的辛香料與其活性成分，及該辛香料風味特徵。

溫度受器通道	活化溫度閾値	辛香料	活性成分	該辛香料的風味特徵
TRPV1	43℃＜	辣椒	辣椒素（capsaicin）	舌頭燒起來似的刺激辣味
		CH-19Sweet 辣椒	甜椒素（capsiate / capsinoid）	青椒般的香氣、無辣味
		薑	薑辣素（gingerol）、薑酚（shogaol）、薑油酮（zingerone）	混雜了新鮮感、花、柑橘、木頭、尤加利味道的清爽香氣，具有尖銳的辣味
		黑胡椒	胡椒鹼（piperine）	混雜了新鮮感、柑橘、木頭、溫暖感、花香的綜合香氣，具有俐落的辣味
		丁香	丁香酚（eugenol）	香氣十分甜美，具有令舌頭刺癢的刺激性苦味與辣味
		山椒	山椒素（sanshool）	清涼的香氣，帶有麻、辣的麻痺性特殊辣味
		山葵	烯丙基異硫氰酸酯（Allyl isothiocyanates，AITC）	刺激且輕盈、直通鼻腔的辣味
TRPV3	32～39℃＜	百里香	百里香酚（thymol）	清涼感十足的香氣與尖銳而辛辣的苦味
		奧勒岡	香芹酚（carvacrol）	類似樟腦的野性風味，香味強烈且馥郁，略帶苦味
		香薄荷	香芹酚	香氣比百里香更加獨特且強烈，苦味也更刺激
		丁香	丁香酚	香氣十分甜美，具有令舌頭刺癢的刺激性苦味與辣味
TRPM8	<28℃	胡椒薄荷	薄荷醇（menthol）	香氣獨特，充滿清涼、暢快感
		月桂葉	桉油醇（cineole）	混合了木頭、花、尤加利、丁香等氣味的溫和香氣，僅有些微苦味
		迷迭香	桉油醇	混雜了木頭、松樹、花、尤加利、丁香等氣味的強烈香氣，略帶苦味
TRPA1	＜ 17℃	山葵	烯丙基異硫氰酸酯 l	刺激且輕盈、直通鼻腔的辣味
		肉桂	桂皮醛（cinnamaldehyde）	清涼且清晰的芳香與甜味，和些許辣味交織出獨特風味
		大蒜	蒜素（allicin）、二丙烯基二硫化物（diallyl disulfide）	香氣強烈且獨特
		蘘荷	Miogadial、Miogatrial	具有獨特香氣與苦味
		黑胡椒	胡椒鹼	混雜了新鮮感、柑橘、木頭、溫暖感、花香的綜合香氣，具有俐落的辣味

摘自《スパイスの化学受容と機能性　川端二功　日本調理科学会誌 vol.46 no.1 pp.1-7, 2013》

認識灼熱感

酒精如何造成灼熱感？我們的口腔具有許多名為 TRP 的溫度受器，負責感受物體的溫度並將資訊傳遞至大腦。當溫度觸發受器活動，我們就能辨別物體是冷是熱。而除了溫度之外，某些化學物質也會刺激受器活動，讓我們感受到冷熱。

比如辣椒的辣椒素會刺激 TRP，因此我們吃到辣椒時會覺得熱辣辣的。其實我們全身上下都有 TRP，所以當我們貼上痠痛貼布，或塗上含有辣椒成分的藥膏時也會覺得溫暖，而擦上薄荷油則會感覺像冬天一樣寒冷。只是口腔內的 TRP 數量遠遠多於體表，對於冷熱變化也更為敏感。

TRPV1 的功能在於辨認 43℃以上的物質，因此當乙醇與「TRPV1」受器結合時，大腦便會認定我們口中存在 43℃以上的物質，進而感到灼熱。順帶一提，43℃雖然只比溫泉的水溫再高一點，但對人體細胞來說已經屬於警戒溫度。在這個溫度下，人體的酵素活性會急遽下降，若超過 50℃甚至會引發蛋白質變性。

以日常生活為例，亞洲人很喜歡喝熱的東西，例如熱騰騰的味噌湯、熱咖啡，但我們在飲用熱飲時會下意識利用啜飲方式將空氣打入液體，結合唾液降溫，並以舌面中央（對溫度較不敏感的部位）承接避免燙傷。也就是說，那些液體起初雖然超過 43℃，但我們利用唾液和各種方式降低了溫度，所以喝了也沒事。反過來說，如果口腔長時間接觸 43℃以上的液體，一定會有某些地方出問題，道理就如同流感發燒超過 40℃時會有生命危險一樣。

言歸正傳，有些物質會令我們產生冷熱感。包含乙醇在內，研究已證實薄荷油、辣椒、胡椒、花椒、山椒、薑、大蒜、丁香會促進 TRPV1 活動，至於薄荷、桉葉油醇（eucalyptol）、山葵、肉桂則會刺激感應中溫～冷的 TRP，所以不適合用於擬造灼熱感。不過也有些物質會同時刺激 TRPV1 與其他 TRP；關於溫度感覺受器，至今尚有許多待釐清的部分。若觀察可樂、薑汁汽水這些代表性無酒精飲品的原料，不難猜想製作者當初或許也有意模擬酒精感。

苦味與澀感

咖啡因、奎寧、啤酒花、植物鹼、烘焙過程產生的焦化物都屬於苦味物質。而澀並非味覺，而是觸覺；不過有很多造成澀感的物質也會同時刺激苦味受器，所以我們實際上的感覺以苦澀參半居多。澀感的成因大多來自多酚（單寧），所以我們可以用含有多酚的材料來創造澀感。不過苦、澀物質屬於高疏水性物質，通常會沾附於舌面並殘留許久，從好的角度來看是創造風味深度、延長尾韻，只是感受上仍和酒精有些許差異。酒精的苦味比較乾淨俐落，尾段的苦味也消失得很快，所以苦澀材料的用量必須好好拿捏。

例：茶葉（綠茶、紅茶或其他茶）、咖啡、可可、香草植物、
辛香料、柑橘皮、通寧水、苦精

其他細節

若替代材料的苦味和灼熱感停留在舌頭上的時間太長，舌頭的感覺就會愈來愈遲鈍，這種生理現象稱作「適應（adaptation）」。飲料屬於液體，如果不含果肉，喝起來味道就會很均勻，代表飲品風味變化少（味道穩定），因此舌頭很容易適應。尤其喝冷飲時，舌頭降溫也會造成味覺遲鈍，致使我們愈喝愈沒趣。因此我們可以將具有苦味、灼熱感、揮發性風味的材料沾附在杯口、用於裝飾，延長持續時間並製造不均勻感，即可有效避免舌頭適應。此外也可以考慮使用一些含有脂溶性苦味或其他風味的自製風味油，概念如同將柳橙皮油噴附於液面。

酒精還有一個重要的功能，就是藉由揮發帶出各種風味分子。這種特殊的刺激感和樟腦的性質有些雷同，不過我們身邊卻幾乎沒有能夠飲用的替代材料。既然如此，我們不妨將乙醇噴在嘴巴不會接觸到的杯腳部分（不過吸入酒精仍會產生醉意，故使用前須確認飲用者是否對酒精過敏）。此外，水果發酵時也會出現乙醇的氣味，所以熟透水果的醇厚酯香也能帶來不錯的香氣呈現。

低酒精、無酒精飲品的需求

近年永續發展意識抬頭，「食品科技（FoodTech）」的進步也日新月異，我們正處於飲食文化的轉捩點。以無酒精飲品為例，這在十幾年前還是乏人問津的領域。

世上有一些刺激感類似酒精的物質；根據歷史記載，過去有些地方因為宗教禁止飲酒而改喝醚類，結果意外發現也會產生迷茫感，進而促使麻醉技術普及。不過現代應該已經沒有這種法外之徒（？）了吧。我舉的例子比較極端，但實際上仍有很多物質基於食品安全的考量受到法規的限制，而未來恐怕也有一些物質會因為跟不上大時代的演進而遭到淘汰。然而企業絕不可能放過這麼大的市場，所以我相信總有一天人們還是會製造出酒精的替代品。

在這樣的時代背景下，無酒精調酒僅憑既有食材便對食品科技發起了前衛的挑戰，我認為在反覆試錯的過程中品嘗各式各樣的風味表現也充滿了樂趣。如果各位調出了自己滿意的作品，請務必分享讓我知道。

高橋貴洋

2007 年自東京理科大學研究所理學院化學組畢業，碩士班學程修畢。他在學時期便對分析味道產生興趣，畢業後任職株式會社味香戰略研究所，目前主要負責分析超過 10 萬種物品的味道，並建立、解析味覺資料庫。他不只擔任公司舉辦之「味覺升級講座」、「有多少味道升多少級講座」的講師，也經常受邀至其他企業或公開講座談論味覺與嗅覺，還曾至日本食糧新聞報社、島根縣農林水產部會、東京家政大學、日本家政學會等機構演講。他也經常為「所さんの目がテン」（日本電視台）、「ガッテン！」（NHK）、「めざましテレビ」（富士電視台）、「N スタ」（TBS）、「家事ヤロウ !!!（朝日電視台）等電視媒體以及雜誌《料理王國》提供專業知識諮詢。

調酒術語解說

ADVANTEC 定性濾紙

ADVANTEC 東洋株式會社販售的濾紙，可以濾除一般濾紙無法完全過濾的精油，做出質地乾淨的芳香蒸餾水。

Tin 杯

不鏽鋼杯。用途很多，通常是波士頓雪克杯的其中一邊，或拿來充當搗碎材料用的容器。

古典杯（old fashioned glass）

古典玻璃杯造型矮胖，據說是平底杯的原型。通常是於加大冰塊飲酒（on the rock）的情況下使用，故又名 Rock 杯。

平底杯（tumbler）

指一般的玻璃杯，通常用於 Highball 和琴通寧等長飲類調酒，容量大致分成小型的 6 盎司（180ml）、日本標準的 8 盎司（240ml）、國際調酒協會標準的 10 盎司（300ml）。亦有塑膠材質與陶瓷材質。

改編（twist）

稍微調整原酒譜作法的行為。由於時空背景差異，許多經典酒譜的材料現在可能已經無法取得或品質不同，因此調酒師會根據現代的條件，結合自己的特色，選擇適當的材料並調整比例、作法，重新詮釋經典酒譜。twist 亦有「扭轉」的意思。

乳清（whey）

優格放置一段時間後分離出來的透明液體。牛奶去除乳脂肪與固形蛋白質（酪蛋白）後，剩下的成分就是乳清。乳清可以讓雞尾酒喝起來口感更柔順並增添乳香。

拋接（throwing）

使用一個品脫杯（1 品脫≒ 500ml 大小的杯子）搭配一個 Tin 杯或攪拌杯，將液體反覆從一個杯子倒入另一個杯子的技巧。若要調製「藍色火焰（Blue Blazer）」之類需要點火的調酒，請務必使用耐熱玻璃杯。

果乾機（dehydrator）

食物乾燥機。用於加速食物的水分蒸發，製作果乾或肉乾。

波士頓雪克杯（boston shaker）

一個 Tin 杯配一個玻璃品脫杯，或一大一小 Tin 杯組合而成的兩件式雪克杯。優點是容量大，經常用於調製加了新鮮水果的雞尾酒。兩件式雪克杯在搖盪時只是將兩邊的杯子密合，所以倒酒時需另外準備一個隔冰器。

洗（wash ／ washing）

將牛奶等乳製品（奶洗，milk-washing）或培根等含豐富油脂（油洗，fat washing）的材料加入酒裡攪拌後過濾，或待不相溶的成分之間分離後移除固形物的技法。牛奶或油脂的風味會融進酒裡，同時發揮澄清作用，讓酒色更加通透。

苦精（bitters）

將果皮、香草、香料浸泡於烈酒中製成的濃縮苦味藥草酒，只要在雞尾酒中滴上幾滴就能整合風味並發揮點綴效果。除了常見的安格仕苦精（Angostura Aromatic Bitters），最近市面上也出現了各式各樣的苦精。

酊劑（tincture）

將香草植物或辛香料浸泡於伏特加等烈酒，萃取風味成分製成的濃縮風味添加劑。

風味醋飲（shrub）

將水果、香料、香草植物、糖加入醋裡調味製成的飲品。

風味糖漿（cordial）

溶入香草或香料風味成分的濃縮糖漿。通常會加水或氣泡水稀釋後直接飲用，也可以當作調酒或料理的材料。

晃杯（swirling）

端起玻璃杯底部晃動杯身，讓杯中液體旋轉的動作，有助於液體與空氣接觸，釋放香氣。在攪拌或搖盪之前也可以透過晃杯事先混合材料（預調，premix）、確認味道，盡可能減少冰塊溶水。

浸漬（infusion）

將材料浸泡於酒中，增添酒液風味的方法。

乾搖盪（dry shake）

搖盪時不加冰塊的做法。調酒材料中包含鮮奶油或蛋白時，可以運用此法創造綿密的口感。

液液萃取法浸漬（liquid-liquid extraction infusion，L.L.I）

利用油不溶於水的性質，進行分離、濃縮的浸漬方法。舉例來說，當我們將烈酒與風味油混合後靜置一段時間，油脂會沉底、烈酒會上浮，這時油脂內易溶於酒精的風味成分會被烈酒萃取出來，而易溶於油的成分則會留在油脂裡。

混合（blend）

使用果汁機打勻材料的做法。通常用於製作霜凍雞尾酒，或加了水果、蔬菜的調酒。

第一印象（attack）

紅酒與威士忌品鑑上的常用術語，意思是入口瞬間率先感受到的第一印象。

愛樂壓（Aeropress）

利用氣壓在短時間內萃取咖啡的器具。

搖盪（shake）

將材料與冰塊加入雪克杯搖動混合的技巧，可以迅速混合難以結合的材料並快速降溫，同時打入空氣造就柔和口感。雪克杯的造型、冰塊的數量與形狀、搖盪的角度與次數皆會影響成品狀態。

搗（muddle）

用搗棒搗碎水果、香料、香草植物，並與其他材料加以混合的動作。

搗棒（pastel）

用來搗碎水果、香料、香草植物的器具。建議使用不會刮傷玻璃杯的材質。

裝飾物（garnish）

沉入雞尾酒或掛在杯口的裝飾。

滴（drop）

雞尾酒調製完成後，滴上苦精或其他材料的動作，亦為計量單位。1drop（1 滴）≒ 1/5ml。

漂浮（float）

利用比重差異，讓 2 種以上的液體分層的技巧。

寬口雞尾酒杯（goblet）

口徑較寬的高腳杯。適合盛裝需要加大量冰塊飲用的雞尾酒。標準容量為 300ml。

潤杯（rinse）

用利口酒或其他材料潤濕杯子內側，增添香氣的技巧。

澄清（clarified）

利用離心分離機或咖啡濾紙等器材，提高液體澄澈度的技巧。

濃縮（reduction）

加熱液體，減少水氣、濃縮風味的行為。

雙重過濾（double strain）

從蓋好隔冰器（strainer）的雪克杯倒出酒液時，再用雙層濾網（兩個粗孔濾網堆疊而成）過濾倒入杯中的動作。

攪拌（stir）

將材料與冰塊加入攪拌杯，並使用吧匙將材料攪拌均勻的技巧。若材料之間容易混合，或希望保留材料本身特色與香氣時即可採用攪拌法調製。攪拌法和搖盪法一樣，使用的冰塊數量、形狀、堆疊方式，以及攪拌圈數與時間長短皆會影響成品狀態。有時也單純指稱「攪動」、「拌勻」的行為。

攪拌杯（mixing glass）

操作攪拌法時使用的大容量玻璃杯。

鹽口、糖口（rim ／ rimmed）

在杯口沾上鹽、砂糖的技法。原則上會沾滿一整圈，而只沾半圈的形式則稱作「half rim」。鹽口或糖口不僅可以增添雞尾酒的風味，外觀上也很吸睛。

後記

原則上，酒吧是供應酒精飲料的地方。雖然提供無酒精調酒的酒吧愈來愈多，不過調酒師面對酒的機會還是遠多於無酒精材料，他們也時時刻刻鑽研如何發揮每一種酒的風味，因此我起初也很煩惱到底該不該拿這項企劃打擾各位調酒師。我相信每位調酒師在設計酒譜時都有許多要考量的事情，舉凡投入的心力、希望呈現的店家風格、對酒廠與酒鋪的敬意……儘管如此，諸位還是欣然答應，設計了好幾杯酒，我必須在此致上由衷的感謝。

本書從 31 頁開始介紹了好幾位調酒師設計的作品，當初我提出一項請求：「希望其中一半是一般人也能輕易製作的酒譜」，因此多采多姿的酒譜之中亦包含一般讀者也能模仿的簡單技巧、能引起大眾興趣的特殊材料、能窺見雞尾酒深度的作法……而且每一杯酒，都透露出該調酒師對於調酒的理解。

除了無酒精調酒，本書也介紹了一些低酒精調酒，為的是讓酒也有出場的機會。希望「有辦法喝酒、想嘗試喝酒」的讀者以及對無酒精調酒有興趣的讀者，也能對書中出現的酒款留下一點印象。我也期許讀者看了書後會萌生親自上酒吧喝喝看某杯酒、和調酒師聊聊天、欣賞吧台後方精采酒櫃的念頭。

我深愛著酒吧。我喜歡調酒過程的聲響、不經意聽見的美好樂曲、迷人眼目的杯子、美麗的畫作、空氣中瀰漫的威士忌香與雪茄香，以及調酒師為你特別調製的那杯酒。或許有些讀者覺得酒吧是離自己很遙遠的世界，但我仍期待有一天，你願意推開酒吧的大門。

ASAKO ISHIKAWA

出生於東京。曾任威士忌專業雜誌《Whisky World》的編輯，現為專攻酒吧與雞尾酒主題的自由寫手。編著作品有《The Art of Advanced Cocktail 最先進調酒技術》、《Standard Cocktails With a Twist 經典調酒再構築》（旭屋出版）、《調酒巨匠編織出的經典調酒》、《走，上酒吧！》、《威士忌 Highball大全》（STUDIO TAC CREATIVE）。以顧問身分參與拍攝2019年上映的紀錄片《YUKIGUNI》。興趣是跳踢踏舞，飼養的愛犬名叫「卡爾里拉」。（以上著作與電影名稱皆為暫譯）

TITLE

無酒精與低酒精　創意調酒＆裝飾技術

STAFF

出版	三悅文化圖書事業有限公司
作者	石川阿佐子
攝影	柴田雅人
譯者	沈俊傑
創辦人 / 董事長	駱東墻
CEO / 行銷	陳冠偉
總編輯	郭湘齡
責任編輯	張聿雯
文字編輯	徐承義
美術編輯	謝彥如
國際版權	駱念德　張聿雯
排版	曾兆珩
製版	明宏彩色照相製版有限公司
印刷	桂林彩色印刷股份有限公司
法律顧問	立勤國際法律事務所　黃沛聲律師
戶名	瑞昇文化事業股份有限公司
劃撥帳號	19598343
地址	新北市中和區景平路464巷2弄1-4號
電話	(02)2945-3191
傳真	(02)2945-3190
網址	www.rising-books.com.tw
Mail	deepblue@rising-books.com.tw
初版日期	2023年6月
定價	680元

ORIGINAL JAPANESE EDITION STAFF

PUBLISHER	高橋清子	Kiyoko Takahashi
EDITOR	行木　誠	Makoto Nameki
DESIGNER	小島進也	Shinya Kojima
ADVERTISING STAFF	西下聡一郎	Souichiro Nishishita
AUTHOR	いしかわ あさこ	Asako Ishikawa
PHOTOGRAPHER	柴田雅人	Masato Shibata

國家圖書館出版品預行編目資料

無酒精與低酒精 創意調酒&裝飾技術 = Mocktails & low-ABV cocktails/石川阿佐子著 ; 沈俊傑譯. -- 初版. -- 新北市 : 三悅文化圖書事業有限公司, 2023.06
336面 ;14.8x21 公分
ISBN 978-626-97058-2-5(平裝)
1.CST: 調酒

427.43　　112006952